JN274618

数理点景

想像力・帰納力・勘とセンス、そして、冒険

吉川　敦

九州大学出版会

はじめに

夏休みに入るのとほぼ同時に高校生向けに「大学説明会」を開催するのは，九州大学ではもう恒例になっている．運営の詳細は各学部学科に任されているが，理学部数学科では，主に，小さなグループに分かれた訪問者の高校生を対象に模擬セミナーを行っている．セミナー形式の輪講や討論が，他学科で言えば学科固有の実験やフィールドワークに相当するような数学科の授業の特徴であると考えられているからである．

しかし，せいぜい一時間程度で，しかも高校2年生が中心の生徒諸君を相手とした模擬セミナーを通じて，参加者が満足し，数学科，それも，九州大学理学部数学科を，進学志望先として真剣に考えるように導くのは簡単なことではない．実際，まず，題材の選択や準備が著しく難しい．しかも，われわれが懸命になって用意した話題が，かれらの興味を惹かず，十分な反応が得られなかったりする．かくて，小一時間比較的おとなしく座っていたな，と思っても，最後の質問で，就職状況や入学試験の勉強法について聞かれたりする．

ところで，筆者の場合，少なくとも量的には模擬セミナーの水準を超えた資料ができあがってしまうのが，これまでの例であった．説明会の分担を引き受け，話題を選択して準備を始めると，数学者の哀しき性のなせるわざか，結構夢中になるのである．かくて，数年を経過したら，何とも不思議な数学エッセイが溜まってきた．もともとの状況から，使われる数学の水準は基本的には高校2年生の前半程度であり，極限や微積分は表に出さないよう心掛けてはいる．しかし，選ばれた題材をめぐる物語性に重点を置いたので，教科書的な管理の行き届いた数学とは一味も二味も違うものができたのである．実際，これらは，数学が躍動し，活動している現場の様子に近い姿を見せているものと自負してもいる．

考えてみれば，高校数学のある意味での不幸は，せっかく学んだ数学知識を応用する身近な機会が入学試験問題しかないことかも知れない．入学試験問題は，もともとは選別のための道具である．その特徴として，話題は狭く絞り込まれ，解法上の技術についても予想される範囲に留まるよう工夫された，要するに，極めて強い制約下にあるものである．受験者は，解答にあたって技術力習得の確かな実感や着想の成功に伴う満足感，達成感を味わえるかも知れないが，それは副次的な効果と言うべきではあるまいか．

数学が高校教育で提供される端的な理由は，近代社会というものが数学によって担保されているからである．つまり，数学は自然や社会の現象を説明し再構成するために不可欠なのである．実際，数学の発展も，このような自然や社会との関わりの過程でなされてきた．そこには数学上もともと何の制約もあるはずはなく，むしろ，それぞれの時点で動員できた数学の水準に不備があったからこそ，それらを補う努力が払われ，数学としても進歩が続いてきた．とは言え，ここで，詳細な数学の発展をこのような科学や技術との関係で具体的に説明しようとすることは，市民的水準で考えても，現実的なことではない．しかし，話題そのものを主に，数学の水準からの制約を従に，つまり，話題の流れ —— 文脈 —— に沿って必要に応じて数学が展開されていく様子を示すことは，その方が数学の本来の姿に近いものとして，もっと試みられるべきことではないだろうか．

そのような意図を秘めつつ，ここには，かつて（平成11年度，13年度，14年度）の「大学説明会」のために用意した資料に手を入れたものを収めた[1]．当然，章ごとに内容は独立しているが，章立てとしては平成11年度のものを最後にまわした．

最初の二章は，（当時の）数学科の紹介パンフレットの表紙に九州大学附属図書館所蔵の和算書から採った図を用いた関係で，該当する和算の問題解説を試みつつ，話を膨らませたものである．和算の問題としては異なる範疇に属するものらしいが，いずれも多数の円板の相互関係を論ずるものである．もともとの問題そのものはやや陳腐なようでも見方を変えると存外深い議論ができることに留意されたい．実際，これらの話題には意外な拡張や応用の可能性もありそうである．

第3章は，古典的な相加相乗平均の不等式を一般的な文脈に置くことから発展したものである．不等式に関する古典的な書物（文献[2][2]）所収の議論を敷衍した．特に，多項式の間に成り立つ不等式が，関係する次数の順序関係に帰着されることがおもしろいと思われたので，その観察を利用し，実際に成立するであろう不等式の枚挙を試みたものである．

以上の議論で必要とされる数学としては，多項式，平方根号の処理，三角関数が欠かせない．数学的帰納法は必ずしも必要ではないものの任意の自然数 N というような表現に抵抗がないことが重要である．角の大きさを表すためには度数法ではなく，主に，ラディアン（弧度法）を使った．一応（しかも繰り返し）説明は付けたが，高校2年生段階では未習かも知れない．実は，厄介なことは，第1章，第2章では，逆三角関数を実質的に使うことが本来の議論の上では自然なことである．もちろん，利用が望ましい逆余弦関数については一応説明は付したが，数学的概念が一遍の説明で身に染みてわか

---

[1] なお，平成12年度のものは，公開講座用のものの一部を流用したこともあり，別に出版した（文献[19]）．
[2] ハーディ他著『不等式』．同書の意義については付録C参照．

はじめに

るものでもないことは承知している．しかし，文脈がある程度導いてくれるはずという期待もある．

また，読者が抵抗を覚えるかも知れない仕掛けではあるが，敢えて数式処理ソフトの利用を表面に出した．表示したプログラム自体は極めて基本的な水準のものであって，具体的なソフトの選択に本質的に依存しているわけではない．しかし，一方で，現実の計算機上での実例計算は抽象的なものではなく何らかのソフトを選択して初めて可能になる．ここでは，汎用数学ソフトの言語として，Maple を利用した[3]．ただし，所収のプログラムのコード化の説明で，ソフト技術上の事柄よりも数学的なアイデアについて丁寧に述べるよう心掛けたので，他のソフト言語への翻訳も難しくはないと信じる．

それでは，数式処理ソフトの使用に必然性はあったのだろうか．ここには二つの側面がある．第一は，結果を導き出すための手順 — アルゴリズム — が明白で，その正しさが数学的に保障されている場合は，実行過程を紙上で詳細に展開する代りに，要点の説明を計算機による追跡と組合せて行えば十分なはずである．第二は，数学的な説明の探索のための試行錯誤の過程で，実験的な試みを計算機支援で行うことである．いずれも原理的には人間で十分にできることの延長上にある計算機使用ではあるが，検証のための時間や量の改善は圧倒的である．つまり，ここで掲げたプログラムは飽くまでも参考であって，実際に計算機上で走らせなくても数学的な内容の理解を得るには不足はないはずではある．しかし，現に書かれている以上のさまざまな数学的探索実験を自ら行うには，やはり，計算機が利用できることが望ましい．

問題解決のための洞察と強い意志が自覚されている限り，数式処理ソフトは極めて有効な道具になる．したがって，そのようなとき，その使用は当然である[4]．ここでは，道具としての数学ソフトの有効性が，上で言及した二側面のいずれについてもしっかりと示されたと思う．実際，積極的な数学ソフトの利用を皆さんにお勧めしたいのである．

なお，随所に小さな問をちりばめておいた．これらは，議論の物語性に，さらに，対話性を加えるためである．センター試験がこれらの問の「難易度」の目安になるかも知れないが，今の場合は，短い読みきりの設問ではなく，それぞれがある文脈に属しているということが大切なところである．最後になったが，皆さんも読みながら生ずるであろう疑問をみずから問題の形に改めて整理し直し，それらの解答を探ってほしい．

平成 18 年初春

筆者識

---

[3]Maple は Waterloo Maple, Inc. の登録商標である．所収プログラムは Maple のどの版でも走る．
[4]言うまでもないとは思うが，これに対し，その自覚なしに漫然とソフトに頼ることは，計算機というものが常に何らかの出力を伴うものだから，危険なだけである．実際，不思議なことに，ソフトの適切な利用のためには手計算による身体感覚を確認しておくことが不可欠でもある．

[付記] 本書は，前に記したように，九州大学の「大学説明会」のために用意した資料に基づいている．正直に白状すれば，読者の想定は難しい．内容的な水準は「高校生」よりも「大学初年級」程度かも知れない．どの章も，付き合うには，準備に掛けられたのとほぼ同じ長さの能動的な時間が必要になっても不思議ではない．読者には，この時間的余裕に加え — あるいは，それを支える — 好奇心が欠かせない．しかし，本書の内容自体には直接的な応用はないのである．若さ特有の不思議な飛躍 — 細部を一瞬に飛び越える全体像の把握 — の契機になれば幸いである．

とまれ，数年前，ほぼこの内容で 100 部ほど印刷製本し，数学教室の公開行事などの折に配布してきた（ただし，恥ずべきことだが初等的な誤りも散見され，今までに気づいたものは流石に今回直しておいたが …）．その後，筆者は，さらに馬齢を重ね，来たる 3 月にめでたく定年退職の運びになった．慣例で，定年退職者は「最終講義」をすることになっている．この文章を書いている時点では問題提起を含めた（回想的ではない）学術的な講演にしたいと思っているだけで具体的な中身については何も決めてはいない．しかし，わざわざ来聴される方には「最終講義」とは関わらない内容でも筆者の想念がそれなりに篭った形あるものを（お配りするなりして）お見せしたいと思い，本書の出版を決断した次第である[5]．

---

[5] ただし，経費の一部は，先ごろ亡くなった叔母・吉川寄美の遺産から捻出するつもりである．祖母譲りの敬虔なキリスト教徒であった叔母は，家族一同が神の教えに目覚めますようにと手帳に書き残していたのだが …．私事であるが，叔母について一言．叔母は，横浜生まれ，関東大震災のあった年の春，自由学園入学，以来，自由学園，特に，その工芸研究所に関わって生きてきた．早く家を出たためか，叔母は家族についての思いが深かったようである．祖父は震災後 4 ヵ月近くを経て病死したが，そのときのことを思い起こした書き物が叔母にはあるらしい．横浜・沢渡にあった亡父らの生家はその後人手に渡った．近年取り壊されるにあたり叔母がわざわざ撮影してきた写真を葬儀後の集まりで筆者は初めて見た．建物がずっと残っていたことは亡父からは最晩年に至るまで筆者は耳にしなかったと思う．なお，裏表紙は叔母が保存していた筆者幼時の絵で，敗戦後数年経った頃の「木炭バス」の光景である．車体の右側にドアがある．運転席用なのか，米軍占領統治を反映した乗降口なのか，単に筆者が幼い頃から右ひだりの弁別ができなかっただけなのか，判然としない．

目 次

はじめに i

第1章 大円・小円・四辺形 1
1.1 なぜ和算の問題から 1
1.1.1 問題の出自 1
1.1.2 何かおかしくないか？ 3
1.2 予備的考察 — 問題の定式化 3
1.2.1 内接するということ 3
1.2.2 問題の定式化 5
1.3 問題の書換えと解答 6
1.3.1 問題 1.1 の書換え 6
1.3.2 図形の回転と裏返しによる同値関係 10
1.3.3 問題 1.1 の正しい解答（定理 1.1） 13
1.4 若干の議論 14
1.5 数式処理ソフトによる解答 15
1.5.1 プロシデュア 15
1.5.2 出力結果 18
1.6 「暫定解」の軌道計算 18
1.6.1 軌道計算の準備 18
1.6.2 軌道を与えるプロシデュア 26
1.6.3 出力された軌道の例 26

第2章 数珠つなぎの円板 27
2.1 問題と解答 27
2.1.1 問題 27
2.1.2 議論の解析 29
2.2 解答後の感想 31
2.2.1 和算 31
2.2.2 平行線の公理（定理 2.1） 32

	2.2.3 背理法	35
2.3	平面というものの指定	37
	2.3.1 平らであるとはどういうことか（定理 2.2）	37
	2.3.2 曲率	39
2.4	別の視点から	40
	2.4.1 円板中心の条件	41
	2.4.2 数式処理ソフトで見る $N=4$ の場合	44
	2.4.3 一般の場合を目指して	45
	2.4.4 根号の整理について	52
2.5	5 個の円板からなる環	56
	2.5.1 付帯条件：$N=5$ の場合	56
	2.5.2 数式処理ソフトによる付帯条件の検証	59
	2.5.3 $N=5$ の場合の完成（定理 2.3）	65
	2.5.4 5 円板の連なりの生成	75
2.6	最後に	77

第 3 章 　相加・相乗平均を見直す　　　　　　　　　　　　　　83

3.1	ある数列の観察	83
	3.1.1 観察と想像	83
	3.1.2 考え方の解析	85
	3.1.3 結果の整理	86
	3.1.4 反省	87
3.2	不等式の組織化	88
	3.2.1 相加平均と相乗平均	88
	3.2.2 ミュアヘッド平均	89
	3.2.3 相加・相乗平均の不等式の一般化（定理 3.1）	91
	3.2.4 定理 3.1 の証明の完成	92
3.3	数列と不等式との関係	94
	3.3.1 指標の間の上下関係（順序）	94
	3.3.2 最低要素の系列	96
	3.3.3 指標の系列の数学的構造	97
	3.3.4 S_N の指標たちの上下関係	98
	3.3.5 §3.1 の数列の正体	100
3.4	数式処理ソフトによる数列の計算	103
	3.4.1 プロシデュア	103
	3.4.2 出力例	103

付録A 数学文書で多用される字体   **105**
  A.1   ギリシア文字 105
  A.2   Euler Fraktur とアルファベット 106

付録B 日本語力を高めてほしい   **107**
  B.1   理系・文系の幻想 107
  B.2   日本語力を高めるための提案 108
      B.2.1   日本語の公共性を自覚すること 108
      B.2.2   記述すべき内容を的確に掌握すること 108
      B.2.3   伝達の相手を正しく理解すること 109
      B.2.4   自己訓練を怠らないこと 109

付録C 文献について   **111**

文 献   **113**

索 引   **115**

第1章 大円・小円・四辺形

1.1 なぜ和算の問題から

1.1.1 問題の出自

　平成11年度の九州大学理学部数学科の紹介パンフレットの表紙は，和算書「数理神篇」にある図を借用した（図1.1）[1]．

　その事情を正直に述べよう．毎年パンフレットの表紙デザインでは苦労しており，図形的な印象に関して一貫した政策があるとよいとかねがね思っていた．ところで，大学の近くの筥崎八幡宮には天保年間の算額があり，今でも色鮮やかな図形が見られる．社務所の話では，この算額を降ろして撮影するのは大変なようであり，果たしてはいない．しかし，これがヒントになった．九大の附属図書館の蔵書中に洋の東西にまたがる古典的な理学書を集めた「桑木文庫」があって，中でも和算書の収集では我が国で質量ともに一二を争う水準のものであることは広く知られている．したがって，「桑木文庫」の和算書から適当な図版を借用してパンフレットの表紙に利用すれば，向こう何百年と困ることはあるまい，と考えるのは自然なことであったろう．そうして選ばれたのがこの表紙の図版だが，飽くまでもイラストとしての選択であったので，数学的な質を考慮してみると，疑問点だらけである．

　まず，文章を見ると，漢文のようであって，現行の漢字で表したものは

　　　今有如図方内容大円一箇小円八箇
　　　大円及小円不変此規而其顕図変形問件件幾何
　　　答曰七変

---

[1] 安原喜八郎千方他編『数理神篇』，乾坤二巻本．万延元（1860）年（文献 [15]）．筆者は，このパンフレット作成の責任者（の一人）であった．以下で論ずる問題は「容術」といわれる和算の問題群の一例らしい．なお，桑木文庫は，九州帝国大学工科大学（九州大学工学部の前身）草創時の教授の一人，桑木或雄先生の収集品からなる．20世紀はじめまでの数学・理学の洋書に加え，和漢の算術書・理学書（蘭学書）を含む．「解体新書」のような医書もある．いずれも今日では貴重書として扱われている．桑木先生は，九大在職の間，理学部創設に努力してきたが，その実現を見ることなく，松本高等学校（現在の信州大学）の校長に就任した．アインシュタイン夫妻が九大を訪問したときは，先生はホストとして夫妻と一緒の写真に納まっている．なお，図1.1，§2.1.1 図2.1 は溝口佳寛助教授の撮影である．

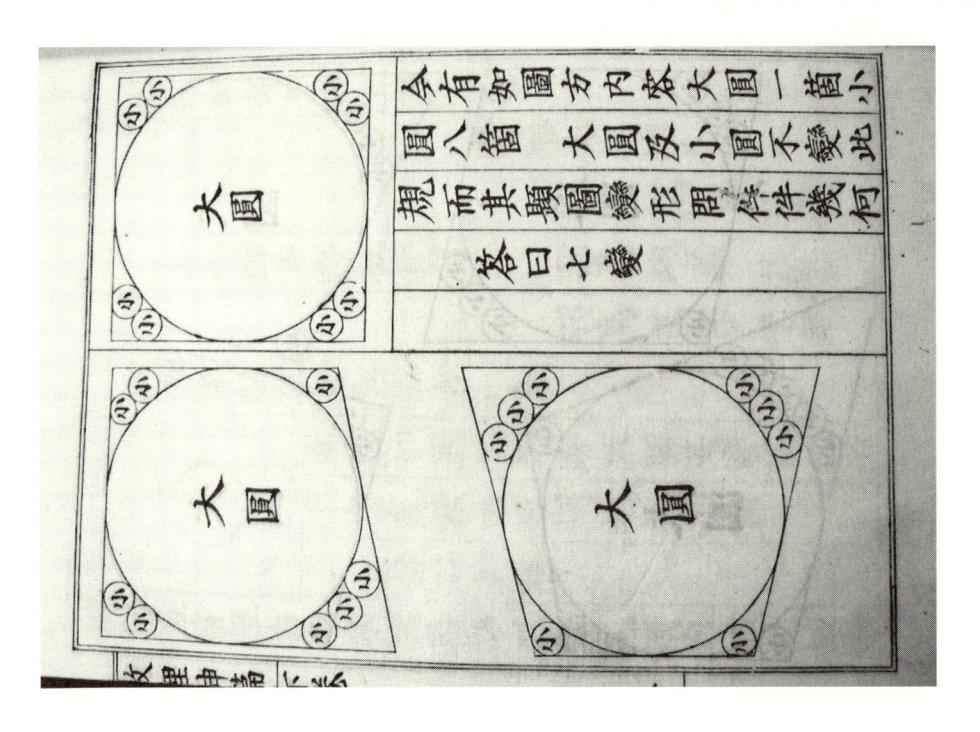

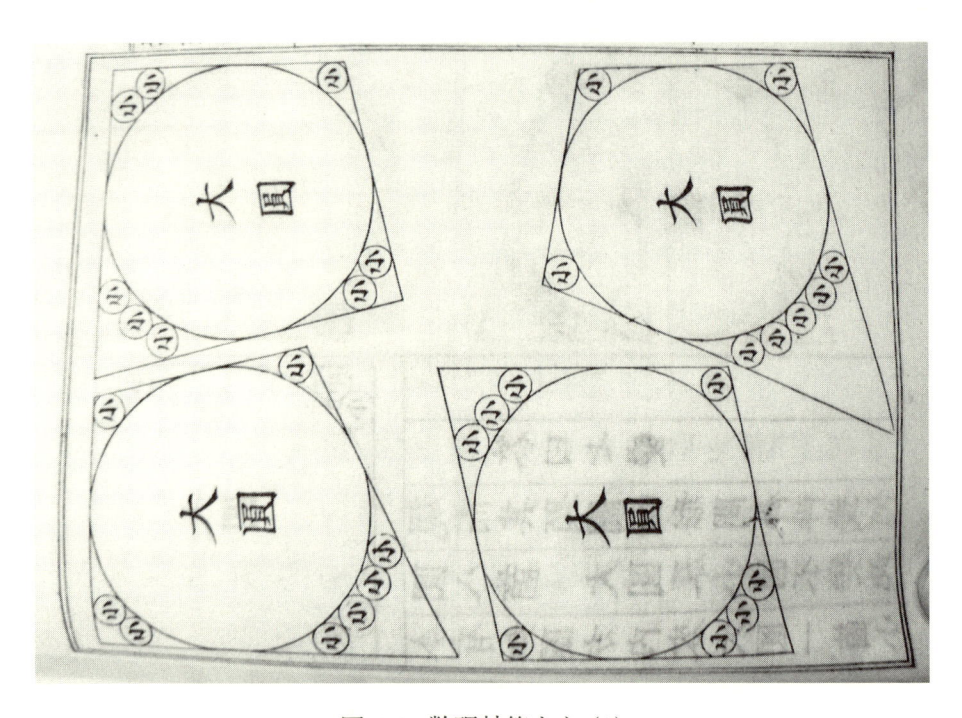

今有如圖方內容大圓一箇小
圓圓八箇大圓及小圓不變此
規圓其顯圖變形問件件幾何
而各圖變形問
答曰七變

図1.1: 数理神篇から (1)

となる．しかし，前半の問題文2行の意味がよくわからない．大円が1個，小円が8個予め与えられ，しかも，大円は適当な四辺形に内接しており，いずれも大円に接する8個の小円は，いくつかのグループに分かれながら，一つ一つのグループでは小円同士は接し，さらに，グループの端の小円は四辺形の辺にも接するという関係にあるような大円，小円，四辺形の組合せは何通りあるか，というのが問の内容らしい．そして，解答は「7通り」と言っているようである．実際，7種の図が示されている．

1.1.2 何かおかしくないか？

しかし，ここでちょっと考えてみよう．いくつかの疑問が生ずるはずである．もちろん，図も付されていることであり，出題や解答の意図は非常によく伝わってくるであろう．問題が，絵画的な光景，例えば，水辺の杭の周りに小さな泡がまとわり付いているというようなものからの連想だろうとの想像もできる．だが，この問題自体が合理的に定式化されているとの判断は早計ではあるまいか．当然ながら，示されている解答の正しさについても即断はできまい[2]．

幸い，題材については，初等幾何の知識ですべて述べられる．この問題のおかしさを分析してみよう．

1.2 予備的考察 — 問題の定式化

1.2.1 内接するということ

まず，(半径 $R > 0$, 中心 o の) 円周 C が四辺形 Q に内接するということを解析する．

Q の4頂点を $\alpha, \beta, \gamma, \delta$ とおこう．線分 $\alpha\beta, \beta\gamma, \gamma\delta, \delta\alpha$ は円周 C とそれぞれ1点で接する．接点を，この順に，a, b, c, d とおこう．

問 1.2.1 線分 ao, bo, co, do それぞれの長さを求めよ[3]．

問 1.2.2 角 $\alpha ao, \beta bo, \gamma co, \delta do$ それぞれの大きさを求めよ[4]．

そこで，角 $a\alpha d$ と円弧 $\widehat{ad}$ の囲む図形 Δ に着目しよう．

---

[2]定式化の不備のためではないとは思うが，後述のように，「数理神篇」の解答には見落としがある．本来の解答については，§1.5.2 を見よ．

[3]いずれも R である．

[4]角の大きさは当面は度数法で表す．いずれも直角（90度）である．

Δ 内にあって，円弧 $\widehat{ad}$ に接する半径 r $(0 < r < R)$ の m 個の円周 $D_1, \cdots, D_m$ $(m \geq 1)$ について，円周 D_1 は線分 αa に接し，一方，円周 D_m は線分 αd に接するとする．

$m = 1$ の場合は，$D_1 = D_m$ だから，円周 D_1 は，線分 αa, αd と円弧 $\widehat{ad}$ に接することになる．

$m > 1$ のときは，円周 D_1 は円周 D_2 に接し，以下，円周 D_{m-1} は円周 D_m に接するとする（図 1.2）．

このような配置の可能性は円周 C の半径 $R > 0$, 角 $a\alpha d$ の大きさ θ（度）($0 < \theta < 180$), 及び，円周 $D_1, \cdots, D_m$ の個数 m, 半径 $r > 0$ に依存するはずであり，したがって，まず，このような配置が可能であるような R, θ, r, m の条件を導かなければならない．さらに，この条件が満たされるとき，正数 R, θ, r と自然数 m の組 (R, θ, r, m) は**配置可能である**ということにすると，考察が適切に限定されて便利である．

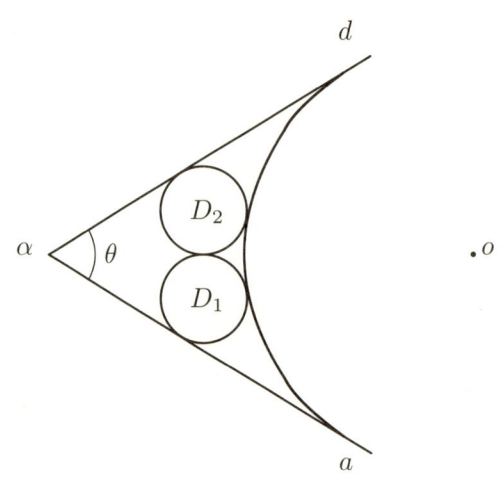

図 1.2: Δ の模式図 ($m = 2$ の場合)

問 1.2.3 角 $a\alpha d$ を θ とすると，角 aod はどう表されるか[5]．

補題 1.2.1 $(R, \theta, r, 1)$ が配置可能であるための必要十分条件は

$$r = R \frac{1 - \sin \frac{\theta}{2}}{1 + \sin \frac{\theta}{2}} \quad \text{言い換えると} \quad \sin \frac{\theta}{2} = \frac{R - r}{R + r}$$

が成り立つことである．

---
[5]四辺形の内角の和は 360 度である．問 1.2.2 により，角 aod は 平角 $-\theta$ ($= 180 - \theta$（度））となる．

1.2. 予備的考察 — 問題の定式化

問 1.2.4 補題 1.2.1 を証明せよ[6].

補題 1.2.2 $m > 1$ とする．(R, θ, r, m) が配置可能であるための必要十分条件は，適当な正数 ϕ, ψ が存在して，

$$\theta + 2\phi + (m-1)\psi = 180 \text{ (度)},$$

$$\cos\phi = \frac{R-r}{R+r}, \quad \cos\psi = \frac{(R+r)^2 - 2r^2}{(R+r)^2}$$

が成り立つことである．

問 1.2.5 補題 1.2.2 を証明せよ[7].

1.2.2 問題の定式化

さて，以上の準備の下に，「数理神篇」のもとの問題を定式化することができる．与えられた半径 $R > 0$ の円周 C（大円）と 8 個の半径 $r > 0$ の円周（小円 $R > r$）$D_1, \cdots, D_8$ について，円周 C は頂点 $\alpha, \beta, \gamma, \delta$ の四辺形に内接するとする．この四辺形の各頂点における内角の大きさも頂点と同じ記号 $\alpha, \beta, \gamma, \delta$ で表そう．また，自然数 η, λ, μ, ν は $\eta + \lambda + \mu + \nu = 8$ となるものとする．

このとき，「数理神篇」の問題は，つぎのようになる：

問題 1.1 与えられた R, r に対し，

$$(R, \alpha, r, \eta), (R, \beta, r, \lambda), (R, \gamma, r, \mu), (R, \delta, r, \nu)$$

のすべてが配置可能になる場合は（同値性[8]を除いて）何通りか求めよ．

この問題の解答は，基本的には，補題 1.2.1，補題 1.2.2 の応用として得られるべきものである．補題 1.2.1，補題 1.2.2 では，大円の円弧と一つの頂角についてしか言及していないから，これらの組み合わせで大円の外接四辺形が本当に得られるかどうか

---

[6] 図を描け．円 D_1 の中心 d_1 から αd に平行な直線を引き，od との交点を p とする．三角形 od_1p は長さ $R+r$ の辺（斜辺）と長さ $R-r$ の辺（底辺）が，大きさ $90 - \frac{\theta}{2}$（度）の角をはさむような直角三角形になるはずである．

[7] 図を描け．角 aod は小円 $D_1, \cdots, D_m$ の中心 $d_1, \cdots, d_m$ と o とを結ぶ線分により，$m+1$ 個の角 $aod_1, d_1od_2, \cdots, d_mod$ に分割される．両端の角 aod_1, d_mod の大きさは等しく，それを ϕ とおき，残りの角 $d_1od_2, \cdots, d_{m-1}od_m$ はいずれも同じ大きさ ψ になり，したがって，角 aod の大きさは $2\phi + (m-1)\psi$ である．角 $oa\alpha$，角 $od\alpha$ のいずれも直角だから四辺形 $a\alpha do$ の内角の和 360（度）を書き直せばよい．ϕ の計算は問 1.2.4 と同じ考え方でできる．ψ は角をはさむ二辺がいずれも長さ $R+r$，対辺の長さ $2r$ として余弦定理によって計算できる．

[8]「数理神篇」では，明示はしていないが，四辺形を回転したもの及び鏡像（裏返し）はもとの四辺形と区別しない，言い換えれば，同値としているようである．本稿での解釈は，後述の (1.12)(1.13) 以降を見よ．

は検討を要する．しかし，これは，$\alpha+\beta+\gamma+\delta$ の値が四辺形の内角の和，すなわち，4直角であることの確認に帰着する（なぜか）．また，これらの補題の結果から，考察においては $R=1$ としてよいことがわかる．他方，「数理神篇」の解答は1行しかなく，解答者の主要な意識は図にあったと思われる．解答図は基本的に試行錯誤に基づいて得たものであろう．解答に先立って，補題1.2.1 や補題1.2.2 のような解析の必要性には思い及ばなかったのではないだろうか．補題1.2.1 は，

$$\sin\frac{\theta}{2} = \frac{1-t}{1+t}, \quad t = \frac{r}{R} \in (0,1)$$

と書けば明らかなように，θ と $t = \frac{r}{R}$ とが1対1に対応していることを主張している．これはグラフによっても容易に見て取れる．他方，補題1.2.2 は，θ と $t = \frac{r}{R}$ の関係が入り組んだ連立方程式系の形で表されており，両者の関係は鮮明ではない．しかし，後述するように，この解析が正しい解答のためには大切なのである．

1.3 問題の書換えと解答

1.3.1 問題1.1 の書換え

「数理神篇」の問題（問題1.1）を，$R=1$, $r=t$ として方程式の形に書き表そう．

さて，問題1.1 の意味は，与えられた $0 < t < 1$ に対し，正数 ϕ, ψ を[9]，

$$\cos\phi = \frac{1-t}{1+t}, \quad \cos\psi = \frac{1+2t-t^2}{1+2t+t^2} \tag{1.1}$$

によって定めたときに[10]，

$$\eta + \lambda + \mu + \nu = 8$$

---

[9] ここでは弧度法を用いている．弧度法は，角の大きさ（弧度，ラジアン）を半径1の円周における，その角を中心角とする円弧の長さで表す．360度が 2π であり，α ラジアンは，$\frac{\pi}{180}\alpha$ 度である．したがって，ϕ, ψ には，弧度法で表すとき，$0 < \phi, \psi < 2\pi$ を要請する．度数法であれば，$0 < \phi, \psi < 360$ とすべきところである．

[10] 実は，逆余弦関数 arccos を使うと，(1.1) の表現はすっきりするところがある．余弦関数 cos と逆余弦関数 arccos は，基本的には，

$$x = \arccos y \iff y = \cos x$$

である．ただ，$\cos(x\pm\pi) = \mp\cos(x)$ というような関係があるので，$0 < x < \pi$, $-1 < y < 1$ という限定（グラフを考えよ）を付けておかないと，議論が複雑になってしまう．したがって，

$$\phi = \arccos\frac{1-t}{1+t}, \quad \psi = \arccos\frac{1+2t-t^2}{1+2t+t^2}$$

と (1.1) とは，$0 < \phi, \psi < \pi$ のもとで同じことを表す．

1.3. 問題の書換えと解答

を満たす自然数 η, λ, μ, ν に対し,

$$\alpha = \pi - 2\phi - (\eta - 1)\psi \tag{1.2}$$
$$\beta = \pi - 2\phi - (\lambda - 1)\psi \tag{1.3}$$
$$\gamma = \pi - 2\phi - (\mu - 1)\psi \tag{1.4}$$
$$\delta = \pi - 2\phi - (\nu - 1)\psi \tag{1.5}$$

が

$$\alpha + \beta + \gamma + \delta = 2\pi \quad (\text{度数法では } 360 \text{ 度})$$

を成り立たせる正数として求まるかどうかを論ずることである.

ところが, このようなことを成り立たせる t を任意に選ぶことができない. 実際, 上の式から

$$4\phi + 2\psi = \pi \tag{1.6}$$

という等式が従わなければならない. したがって, 特に,

$$0 < \phi < \frac{1}{4}\pi, \quad 0 < \psi < \frac{1}{2}\pi \tag{1.7}$$

である.

問 1.3.1 等式 (1.6) から

$$q(t) = \frac{1 - 4t - 12t^2 + 8t^3 - t^4 - 8(1-t)t\sqrt{t + 2t^2}}{(t+1)^4} = 0 \tag{1.8}$$

を導け[11].

問 1.3.2 等式

$$t^4 - 20t^3 + 34t^2 - 12t + 1 = (t^2 - 10t + 3)^2 - 8(3t - 1)^2 \tag{1.9}$$

を利用して, $0 < t < 1$ を満たす (1.8) の解を求めよ[12].

---

[11] (1.6) から

$$0 = \cos(2\phi + \psi) = \cos(2\phi)\cos(\psi) - \sin(2\phi)\sin(\psi)$$

となる. 三角関数の性質を用いて, さらに,

$$(2\cos^2\phi - 1)\cos^2\psi - 2\cos\phi\sin\phi\sin\psi = 0$$

と変形される. (1.7) に注意しつつ, さらに, (1.1) を代入して整理せよ.

[12] (1.9) の左辺は $q(t)$ に

$$1 - 4t - 12t^2 + 8t^3 - t^4 + 8(1-t)t\sqrt{t + 2t^2}$$

以上から，$0 < t < 1$ を満たす (1.6) の解として

$$t = t_* = 5 - 3\sqrt{2} - 2\sqrt{10 - 7\sqrt{2}} \tag{1.10}$$

が一意的に定まることがわかる（図 1.3 参照）．

注意 1.3.1 なお，関数 $q(t)$ と関数

$$f(t) = 4\arccos\frac{1-t}{1+t} + 2\arccos\frac{1+2t-t^2}{1+2t+t^2} - \pi, \quad 0 < t < 1$$

を重ねたグラフを図 1.4 として示す．

ちなみに，$t = t_*$ に対応する ϕ, ψ を ϕ_*, ψ_* とすると，

$$\begin{aligned}\phi_* &= \arccos\frac{1-t_*}{1+t_*} = 0.6754037814 \\ \psi_* &= \arccos\frac{1+2t_*-t_*^2}{1+2t_*+t_*^2} = 0.2199887635\end{aligned} \tag{1.11}$$

である．これから，

$$\frac{\pi - 2\phi_*}{\psi_*} = 8.140348000$$

が従うので，問題 1.1 の解答は，自然数 η, λ, μ, ν を

$$\eta + \lambda + \mu + \nu = 8$$

が成り立つように区分けした上で同値類[13]を整理することに帰着する．

問 1.3.3 このように結論できる理由を述べよ．

そこで，許される自然数の組 $(\eta, \lambda, \mu, \nu)$ をすべて数え上げよう．

を乗じたものと一致する．一方，$0 < t < 1$ には (1.9) の左辺を 0 にする t が 2 個ある．$t = t_*$, $t = t^*$ とおくと，

$$t_* = 5 - 3\sqrt{2} - 2\sqrt{10 - 7\sqrt{2}} = 0.1233086418\cdots,$$
$$t^* = 5 + 3\sqrt{2} - 2\sqrt{10 + 7\sqrt{2}} = 0.320870698\cdots$$

である．(1.6) を成り立たせるような $t \in (0, 1)$ は (1.8) を満たし，さらに，(1.9) の左辺を 0 にするはずである．(1.9) にはこのような t が $0 < t < 1$ に t_*, t^* の 2 個あることになるが，$t = t^*$ は (1.6) から (1.9) への移行に際して加わったノイズによるもので捨てなければならない．

[13] 脚注 8 参照．

1.3. 問題の書換えと解答

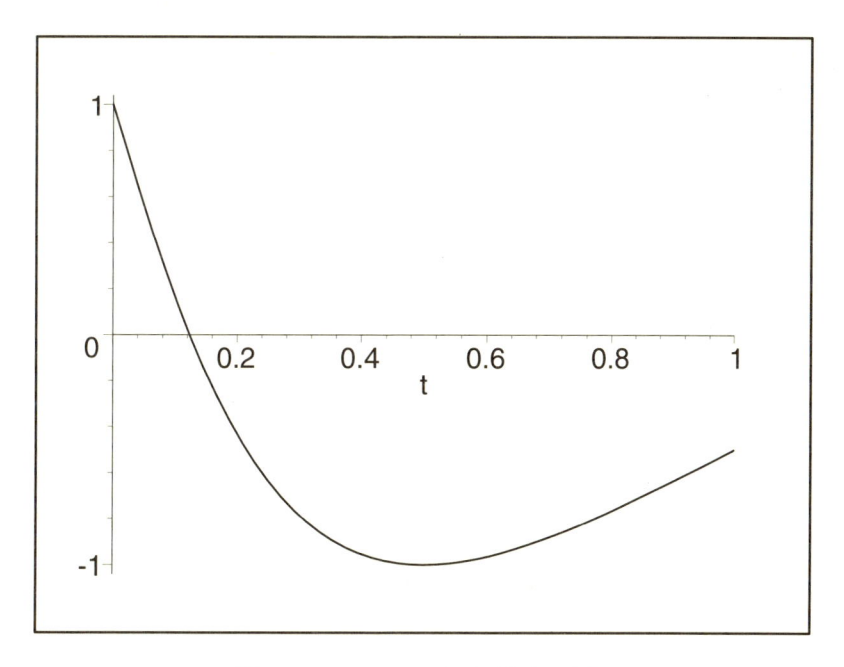

図 1.3: $0 < t < 1$ における $q(t)$

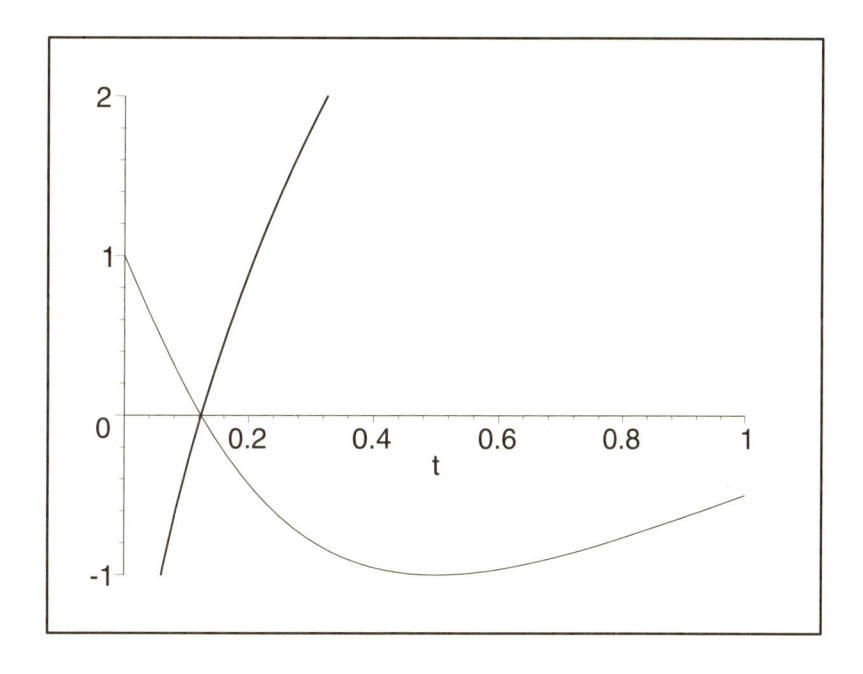

図 1.4: 太線が $f(t)$ である．交点 $t = t_*$

補題 1.3.1 許される $(\eta, \lambda, \mu, \nu)$ の全体（集合）を **暫定解** とする．暫定解 は

$$(5,1,1,1),\ (4,2,1,1),\ (4,1,2,1),\ (4,1,1,2),\ (3,3,1,1),$$
$$(3,2,2,1),\ (3,2,1,2),\ (3,1,3,1),\ (3,1,2,2),\ (3,1,1,3),$$
$$(2,4,1,1),\ (2,3,2,1),\ (2,3,1,2),\ (2,2,3,1),\ (2,2,2,2),$$
$$(2,2,1,3),\ (2,1,4,1),\ (2,1,3,2),\ (2,1,2,3),\ (2,1,1,4),$$
$$(1,5,1,1),\ (1,4,2,1),\ (1,4,1,2),\ (1,3,3,1),\ (1,3,2,2),$$
$$(1,3,1,3),\ (1,2,4,1),\ (1,2,3,2),\ (1,2,2,3),\ (1,2,1,4),$$
$$(1,1,5,1),\ (1,1,4,2),\ (1,1,3,3),\ (1,1,2,4),\ (1,1,1,5)$$

の 35 個の元からなる．

1.3.2 図形の回転と裏返しによる同値関係

「数理神篇」では暗黙裏になされていることではあるが，われわれは図形の回転と裏返しに基づいてこれらの間に定めるべき同値関係を明示的に考察したい．

さて，$(\eta, \lambda, \mu, \nu)$ に対応する図形を左回転[14]させた図形には $(\nu, \eta, \lambda, \mu)$ が対応すると理解すれば[15]

$$(\nu, \eta, \lambda, \mu) = (\eta, \lambda, \mu, \nu)\, 左 \tag{1.12}$$

と表せるであろう．さらに，

$$(\mu, \nu, \eta, \lambda) = (\nu, \eta, \lambda, \mu)\, 左 = (\eta, \lambda, \mu, \nu)\, 左^2$$

である．また，$(\eta, \nu, \mu, \lambda)$ は $(\eta, \lambda, \mu, \nu)$ に対応する図形を裏返した図形[16]に対応するから

$$(\eta, \nu, \mu, \lambda) = (\eta, \lambda, \mu, \nu)\, 裏 \tag{1.13}$$

---

[14]時計の針の回転方向とは逆向きの回転．
[15]つまり，$(\eta, \lambda, \mu, \nu)$ は眼前にある大円の外接四辺形において右の頂角内に η 個，上の頂角内に λ 個，左の頂角内に μ 個，下の頂角内に ν 個の小円がある場合を示すとすると，$(\nu, \eta, \lambda, \mu)$ は，この四辺形を左回りに，下にあった頂点が右に，右の頂点が上に，上の頂点が左に，左の頂点が下になるように，回転させたものを示すことになる．
[16]脚注 15 の状況では，対象の四辺形を左右の方向を軸にして，上下の頂点を交換するように裏返すことになる．上下の方向を軸とする裏返しは

$$(\mu, \lambda, \eta, \nu) = (\eta, \lambda, \mu, \nu)\, 左^2裏 = (\eta, \lambda, \mu, \nu)\, 裏左^2裏$$

で与えることができる．

1.3. 問題の書換えと解答

と表せる．もう一度裏返すと元に戻る，つまり，動かさないのと同じだから，

$$(\eta, \lambda, \mu, \nu) = (\eta, \lambda, \mu, \nu) \, \mathbf{裏}^2 = (\eta, \lambda, \mu, \nu) \, \mathbf{不動}$$

とも書けるであろう．

問 1.3.4 左^4 = 不動，左裏左 = 裏，裏左裏 = 左^3 とも書けることを確かめよ．さらに，裏左 = 左^{3}裏，左裏 = 裏左^3，左^{2}裏 = 裏左^2 の成立を検証せよ．しかも，左裏左裏 = 裏左裏左 = 左^{2}裏左^{2}裏 = 不動 である．

問 1.3.5 $(\eta, \lambda, \mu, \nu) = (\eta, \lambda, \mu, \nu)\,\mathbf{左}$ を満足する $(\eta, \lambda, \mu, \nu)$ は $(2,2,2,2)$ だけである．また，$(\eta, \lambda, \mu, \nu) = (\eta, \lambda, \mu, \nu)\,\mathbf{裏}$ を満たす $(\eta, \lambda, \mu, \nu)$ は

$$(5,1,1,1), (4,1,2,1), (3,2,1,2), (3,1,3,1),$$
$$(2,2,2,2), (2,1,4,1), (1,3,1,3), (1,2,3,2), (1,1,5,1)$$

だけである．

問 1.3.4 の意味することは，対象の図形を回転したり裏返したりする操作が

$$\mathbf{不動},\, \mathbf{左},\, \mathbf{左}^2,\, \mathbf{左}^3,\, \mathbf{裏},\, \mathbf{左裏},\, \mathbf{裏左},\, \mathbf{左}^2\mathbf{裏} \qquad (1.14)$$

と表されるもので尽くされるということである．これらは，代数学でいう「群」をなす[17]．さて，われわれは，**暫定解** の元 $(\eta, \lambda, \mu, \nu)$ と $(\eta', \lambda', \mu', \nu')$ は，**操作** が (1.14) のいずれかを表すとして，

$$(\eta', \lambda', \mu', \nu') = (\eta, \lambda, \mu, \nu)\,\mathbf{操作} \qquad (1.15)$$

---

[17] 詳しい定義は与えない．基本的には，操作$_1$，操作$_2$ が (1.14) のいずれかであると「積」操作$_1$操作$_2$ が定義されて (1.14) のいずれかと一致すること，さらに，逆元，すなわち，適当な 操作$'_1$ が (1.14) 中にあって 操作$_1$操作$'_1$ = 操作$'_1$操作$_1$ = 不動 が成り立つことが要求される．問 1.3.4 参照．実は，(1.14) のいずれかを表す 操作$_1$，操作$_2$ を相次いで実行して 操作$_3$ が得られる，つまり，操作$_1$操作$_2$ = 操作$_3$ となる状況を，左端の列に 操作$_1$，上端の行に 操作$_2$ を置き，操作$_1$ の真横，操作$_2$ の真下の交差するところに 操作$_3$ を置いた表にすることができる：

	不動	左	左^2	左^3	裏	左裏	裏左	左^{2}裏
不動	不動	左	左^2	左^3	裏	左裏	裏左	左^{2}裏
左	左	左^2	左^3	不動	左裏	左^{2}裏	裏	裏左
左^2	左^2	左^3	不動	左	左^{2}裏	裏左	左裏	裏
左^3	左^3	不動	左	左^2	裏左	裏	左^{2}裏	左裏
裏	裏	裏左	左^{2}裏	左裏	不動	左^3	左	左^2
左裏	左裏	裏	裏左	左^{2}裏	左	不動	左^2	左^3
裏左	裏左	左^{2}裏	左裏	裏	左^3	左^2	不動	左
左^{2}裏	左^{2}裏	左裏	裏	裏左	左^2	左	左^3	不動

の関係にあるとき区別できない[18]と考える．また，$(\eta, \lambda, \mu, \nu)$ に対して (1.15) が成り立つような $(\eta', \lambda', \mu', \nu')$ の全体を $(\eta, \lambda, \mu, \nu)$[軌道] と呼ぶことにすれば，これは区別のできない**暫定解**の元が集まったものになる．例えば，

$$(2,2,2,2)[軌道] = \{(2,2,2,2)\} \tag{1.16}$$

$$(5,1,1,1)[軌道] = \{(5,1,1,1),\ (1,5,1,1),\ (1,1,5,1),\ (1,1,1,5)\} \tag{1.17}$$

となることは見やすいであろう．

補題 1.3.2 **暫定解** の元 $(\eta_1, \lambda_1, \mu_1, \nu_1)$, $(\eta_2, \lambda_2, \mu_2, \nu_2)$ について，

$$(\eta_1, \lambda_1, \mu_1, \nu_1)[軌道] \cap (\eta_2, \lambda_2, \mu_2, \nu_2)[軌道] \neq \emptyset \tag{1.18}$$

ならば

$$(\eta_1, \lambda_1, \mu_1, \nu_1)[軌道] = (\eta_2, \lambda_2, \mu_2, \nu_2)[軌道] \tag{1.19}$$

である．

実際，$(\eta', \lambda', \mu', \nu')$ が (1.18) の元だとすると，(1.14) のいずれか適当なもの，すなわち，**操作**$_1$, **操作**$_2$ によって，

$$(\eta', \lambda', \mu', \nu') = (\eta_1, \lambda_1, \mu_1, \nu_1)\ \textbf{操作}_1 = (\eta_2, \lambda_2, \mu_2, \nu_2)\ \textbf{操作}_2$$

と表されているはずである．(1.14) からわかるように，適当な **操作**$'_1$, **操作**$'_2$ が選ばれて

$$(\eta_1, \lambda_1, \mu_1, \nu_1) = (\eta_2, \lambda_2, \mu_2, \nu_2)\ \textbf{操作}_2\textbf{操作}'_1$$
$$(\eta_2, \lambda_2, \mu_2, \nu_2) = (\eta_1, \lambda_1, \mu_1, \nu_1)\ \textbf{操作}_1\textbf{操作}'_2$$

と表される[19]．(1.19) はこれから直ちにしたがう．

したがって，問題 1.1 の解答は **暫定解** に含まれる異なる軌道を数え上げることに帰着する．η, λ, μ, ν に 4 を含む場合の軌道は

$$(4,2,1,1)[軌道] = \left\{\begin{array}{lll}(4,2,1,1), & (1,4,2,1), & (1,1,4,2), \\ (4,1,1,2), & (1,1,2,4), & (1,2,4,1), \\ (2,4,1,1), & (2,1,1,4) & \end{array}\right\} \tag{1.20}$$

および

$$(4,1,2,1)[軌道] = \left\{\begin{array}{lll}(4,1,2,1), & (1,4,1,2), & (2,1,4,1), \\ & (1,2,1,4) & \end{array}\right\} \tag{1.21}$$

---
[18]この意味で，(1.15) が成り立つとき，これらを「同値」として扱うのである．
[19]脚注 17 の表参照．

1.3. 問題の書換えと解答

である．他方，η，λ，μ，ν に 3 を含む場合の軌道は

$$(3,3,1,1)[\text{軌道}] = \left\{ \begin{array}{ccc} (3,3,1,1), & (1,3,3,1), & (1,1,3,3), \\ & (3,1,1,3) & \end{array} \right\} \quad (1.22)$$

$$(3,2,2,1)[\text{軌道}] = \left\{ \begin{array}{ccc} (3,2,2,1), & (1,3,2,2), & (2,1,3,2), \\ (2,2,1,3), & (2,2,3,1), & (2,3,1,2), \\ (1,2,2,3), & (3,1,2,2) & \end{array} \right\} \quad (1.23)$$

$$(3,2,1,2)[\text{軌道}] = \left\{ \begin{array}{ccc} (3,2,1,2), & (2,3,2,1), & (1,2,3,2), \\ & (2,1,2,3) & \end{array} \right\} \quad (1.24)$$

および

$$(3,1,3,1)[\text{軌道}] = \{(3,1,3,1),\ (1,3,1,3)\} \quad (1.25)$$

である．さらに，残りの軌道は (1.16) (1.17) として計算済みである．したがって，次を示したことになる．

補題 1.3.3 暫定解 は 8 個の異なる軌道に分かれる．それらは，(1.16) (1.17) (1.20) (1.21) (1.22) (1.23) (1.24) (1.25) で与えられる．

1.3.3 問題 1.1 の正しい解答（定理 1.1）

問題 1.1 の正しい解答は，以上をまとめて，つぎのようになる．なお，「数理神篇」が 7 通りの場合しか示していないのは，(1.21) の軌道に相当するものが見落とされているからなのである．

定理 1.1 半径 R の大円と 8 個の半径 r の小円とに対し，問題 1.1 が解けるための必要十分条件は，方程式 (1.6) の実数値解 $t = t_* \in (0,1)$ によって $r = t_* R$ が成り立つことである．このとき，回転像と鏡像を別にして，補題 1.3.3 に示された 8 通りの解がある．

問 1.3.6 問題 1.1 の延長線上の問題を設定して解答せよ．

例えば，四辺形の辺の長さの和を求めるとか，8 個の小円とあるのを予め任意に指定された個数に置き換えるとか，大円に外接する四辺形を任意の n 角形に置き換えるとか，あるいは，大円と小円を大球と小球にするとか，いろいろ考えられよう．さらに，円（など）を他の図形に置き換えることも考えられる．実際，和算家の発想はそのように働いたようである．他方，問題 1.1 のような結果や考え方は意外に役立つことがあるのではないかとも思われるが，果たしてどうか，というような話題も可能だろう．

1.4 若干の議論

「数理神篇」のもともとの解答には不備があることがわかったが，そもそも「数理神篇」では解答が図として示されているだけで議論は一切ない．筆者には和算について丹念に調べた経験はないが，和算の古典「塵劫記」以来，問題に対して解法が提示されてはいても解法の発見に至る経緯への言及がなされることは稀なのではないだろうか[20]．

---

[20] それこそ「桑木文庫」を精査すれば，和算の数学的言明の特徴に関してしっかりした見解を得ることができるであろう．なお，細井淙『和算思想の特質』（共立社 1941．文献 [3]）には次のように述べられている（「結語」．同書 p.341 以降．原文は縦書き，漢字は現行のものに改めた）：

> 以上述べ来つた所に就て考ふるに和算の本質は具象の数学である．
>
> これは東洋科学思想の実践的特質より来れるもので，数学は飽くまで量の算出を本体と考へた．従つて例へば虚数の如き概念は，考想し得なかつたのである．
>
> 又其方法の特質は直感的且実験的なる点に存する．直観に卓抜せるは実に我国人の恵まれたる長所であつて，彼の円理に於て，一見其処理に困惑するが如き混沌錯雑せる数列から巧に一定の法則を抽出し，又和算全般を通じて図形に関する鋭い観察に依り諸性質洞察する等，幾多の如実なる発露を見るのである．
>
> そして単に直観的なるに止まらず，綿密なる注意と実験とを以て其直観を確かめて行くのである．和算が大体に於て正常なる結果を得て居るのは此実験的方法あるが故である．此方法は和算の形質より見て論理に代るべき必須の手段であり，又これに依て計算技術も著しく進歩したのである．
>
> 特殊な代数函数のみを用ゐて解析学に及び，三角，及逆三角等の超越函数を含む領域に達し得たのは此計算技術の発達に依るものである．
>
> 勿論，元来の長所たる技術的才能も其発達に貢献した事であらう．
>
> 又，此等実験に伴ふ絶大なる努力は諸所に見受ける複雑なる計算に依て知られる．
>
> 其多くは現今，何人も殆んど之を遂行する勇気の起り得ない程度であつて，和算家が幾多の苦心と年月とを費したものである．
>
> 此点より見れば日本人は必要に応じて長期的事業を完成する素質を有するものと思はれるのである．和算の道は実に険岨であつた．
>
> 関流最高免許，印可状の初頭に掲げる一首
>
> > 道あらばふみももらすな高砂の
> > 　　峯に至りぬ岩間づたひに
>
> は其特質をよく物語るものであらう．
>
> 和算の諸部に認める論理性の不備，これは直観性に伴ひ易い欠点であるが，我国は元来地理上より見て，欧州の如く諸国の長所を採り入れ，以て自国の欠陥を補ふ事の安易さを持たぬのである．しかも鎖国の障壁は高く築かれて居た．
>
> 此等の事情を併せ考慮すれば寧，和算の発達は異常と云ふべきであらう．
>
> 具象から原理を抽出する事，これ科学の要綱である．そしてそれに必要な直観や技術は和算以来涵養せられた特質である．
>
> 論理の厳正も，明治以後の西洋学術に依て，今や具備されて居る．
>
> 而して益々世界の長を採り学ぶ用意がある．
>
> 此和算思想の特質に西洋科学が結合された現在に於て我国数学の本質は空理空論に非ずして，之を広く万般に応用して以て人類文化に貢献すべき使命を有するのである．

末尾の数行が浮き上がり気味なのは出版された時代のせいであろうが，全体に，さすがに経験に即した穏健な見識の吐露というべきであろう．細井氏は，論理性の不備は直観性に伴いやすい欠点であると言っている．拙見では，不備なのは論理性という技術的（外形的）なものではなく，むしろ「真」とはどういうことかという洞察が和算に不足していたことではなかったか，と思う（後述 §2.3.1 参照）．和算の「真」は存在論的な「真」と異なることは十分にあり得たことであろうが，今の筆者には的確な分析に基づく見解はない．

ここで論じた問題（問題 1.1）は，冒頭にも述べたように，偶然の選択に近いものがある．したがって，この問題を扱って覚えた印象を過大に評価することはできないのだが，それでもわれわれの固有の社会文化（つまり，日本の歴史に根づいた文化）の根底に横たわる素朴な特徴が読み取れるように思われる．それはどのようなものか，また，そのような観察に何か意味があるのか，と問われると，気後れというか軽い困惑を感じることではあるが，意識しておくことには価値があると信ずる．よしあしや優劣の問題ではなく，われわれの特徴的な認識の方式が見られると思われるからである（なお，§2.2.1 もご覧いただきたい）．

例えば，過程への言及はないが相当に正確な結論が示されているというのは，和算が体系ではなく個々の優れた「工夫」の集積からなるものであるということを示唆している．和算には問題というべきものはあるが，命題とよばれるべきものはないのではないだろうか．したがって，「証明」も和算には存在しない．そもそも，命題の主張が「真」であることの納得を獲得する手段は，命題の性格によってさまざまであるが，実験や観察という手段を欠いた純粋に数学的な命題の場合には，この納得は「証明」でしか得られないはずのものではないだろうか．

ところが，和算においては事情が屈折している．問題 1.1 の場合なら，方程式 (1.6) の解 $t = t_*$ によって初めて記述される条件 $r = t_* R$ が明示的には全く意識されていないようだが，実質的には詳しい図を描く段階で実現されており，しかも，実際には図の描けない半径の組合わせがあることも気づかれているはずなのである．これは一体どういうことなのか[21]．つまり，ここにもわれわれ固有の認識の方式が反映しているはずである．その構造を把握しようとすることは，われわれ自身が長短含めておのれについて正しく知っておこうという作業の一端に他ならない．

1.5 数式処理ソフトによる解答

1.5.1 プロシデュア

以下で，問題 1.1 の解答をなす半径 1 の大円，半径 t_* の小円 8 個及び大円に外接する四辺形の配置を数式処理ソフト Maple[22] を用いて求め，さらに，出力した配置図を示す．座標軸は描かせないようにしてある．

---

[21]「論より証拠」という言葉もある．また，問題文中の「大円及小円不変此規…」が t_* についての事実に対応していると考えられるのかどうか．いずれにせよ，われわれには t_* の確定から，7 種（正しくは 8 種）の図の一つが描ければ，他も正しいことはわかっている．特に，$(\eta, \lambda, \mu, \nu) = (2, 2, 2, 2)$ の場合の図を描けば，t_* の候補は実際上作図できているはずである．また，この操作が，方程式 (1.6) の解を求めることにも対応しているのだが．

[22]最初は Maple 6 を使ったが，Maple の最新版でも走る．

最初に，色彩と太さが指定された半径 1 の円周（単位円）を描くプロシデュア en [23] を用意しておく．

$en := \mathbf{proc}(n, m)\, plottools_{circle}([0,0], 1, color = colors_n, thickness = m)\, \mathbf{end\ proc}$

大円として，色彩 $color = colors_4 (= navy)$，太さ $thickness = 2$ のもの，すなわち，daien=en(4,2) をとろう．daien に接する半径[24] t_* の小円 m 個を色彩 $colors_n$ で描くプロシデュア awa を与えよう．ここで，ϕ, ψ は $t = t_*$ に対応するもの，(1.11) の ϕ_*, ψ_* である[25]．

$awa := \mathbf{proc}(a, m, n)$
$\mathbf{local}\, c, i, p;$
$\quad \mathbf{for}\, i\, \mathbf{to}\, m\, \mathbf{do}$
$\qquad c_i := [(1+t_0) * \cos(a + (i-1) * \psi), (1+t_0) * \sin(a + (i-1) * \psi)]$
$\quad \mathbf{end\ do};$
$\quad \mathbf{for}\, i\, \mathbf{to}\, m\, \mathbf{do}$
$\qquad p_i := plottools_{circle}(c_i, t_0, color = colors_n, thickness = 2)$
$\quad \mathbf{end\ do};$
$\quad \mathrm{seq}(p_i, i = 1..m)$
$\mathbf{end\ proc}$

awa(a,m,n) は，最初の小円の中心 c_1 は，原点 o（大円の中心）を中心とする半径 $1 + t_* = 1 + t_0$ の円周上にあって，x-軸（すなわち，（原点から発する基準線）と oc_1 のなす角が a（ラディアン）であるものとし，以下，小円の中心 $c_2, \cdots, c_m$ を求め，半径 $t_* = t_0$ の円周 $p_1, \cdots, p_m$ を描き出す．

プロシデュア awa(a,m,n) で作り出した m 個の小円のうち（両）端の小円と大円

---

[23] Maple のパッケージ plottools の circle というコマンドを利用して，中心 (0,0)，半径 1 の円周を，色彩 $color = colors_n$，線の太さ $thickness = m$ でかかせている．ここで，色彩は，色名リスト

$colors := [aquamarine, black, blue, navy, coral, cyan, brown, gold, green, gray,$
$khaki, magenta, maroon, orange, pink, plum, red, sienna, tan, turquoise, violet,$
$wheat, white, yellow]$

から選ぶものとしてある．ただし，本書の印刷では意味はない．
[24] 下のプロシデュア中では t_* を t_0 と表している．
[25] したがって，プロシデュア awa を実行する前に，脚注 23 の色名リスト colors はすでに読み込み済みであり，さらに，(1.10) (1.11) に相当する

$$t_0 := 5 - 3\sqrt{2} - 2\sqrt{10 - 7\sqrt{2}}$$
$$\phi := \arccos\left(\frac{-4 + 3\sqrt{2} + 2\sqrt{10 - 7\sqrt{2}}}{6 - 3\sqrt{2} - 2\sqrt{10 - 7\sqrt{2}}}\right)$$
$$\psi := \arccos\left(\frac{11 - 6\sqrt{2} - 4\sqrt{10 - 7\sqrt{2}} - (5 - 3\sqrt{2} - 2\sqrt{10 - 7\sqrt{2}})^2}{11 - 6\sqrt{2} - 4\sqrt{10 - 7\sqrt{2}} + (5 - 3\sqrt{2} - 2\sqrt{10 - 7\sqrt{2}})^2}\right)$$

によって，t_0, ϕ, ψ の値が与えられていなければならない．

1.5. 数式処理ソフトによる解答

`daien` との 2 本の接線は，交点を頂点とする角をなすはずである．これらの接線を接点から交点までの色彩 $colors_n$ の線分 $ue, sita$ をプロシデュア `kaku(a,m,n)` によって[26]作り出す[27]．q が交点である．

$$
\begin{aligned}
&kaku := \mathbf{proc}(a, m, n) \\
&\mathbf{local}\, ue, sita, r, q; \\
&\quad r := 1/\cos(1/2 * (m-1) * \psi + \phi); \\
&\quad q := [r * \cos(a + 1/2 * (m-1) * \psi), r * \sin(a + 1/2 * (m-1) * \psi)]; \\
&\quad sita := plottools_{line}([\cos(a - 1/2 * \psi - \phi), \sin(a - 1/2 * \psi - \phi)], \\
&\quad\quad q, color = colors_n, thickness = 2); \\
&\quad ue := plottools_{line} \\
&\quad\quad ([\cos(a + (m-1) * \psi + 1/2 * \psi + \phi), \sin(a + (m-1) * \psi + 1/2 * \psi + \phi)], \\
&\quad\quad q, color = colors_n, thickness = 2); \\
&\quad ue, sita \\
&\mathbf{end\ proc}
\end{aligned}
$$

以上を (1.2) — (1.5) に適用して，自然数の組 $(\eta, \lambda, \mu, \nu)$，$\nu = 8 - \eta - \lambda - \mu$，を指定したときの小円の配置を図示させるプロシデュアを得る．すなわち，次に掲げる `suurisinhen(eta,lambda,mu)` である．

$$
\begin{aligned}
&suurisinhen := \mathbf{proc}(\eta, \lambda, \mu) \\
&\mathbf{local}\, a, b, c, A, B, C, D; \\
&\quad a := 2 * \phi + (\eta - 1) * \psi; \\
&\quad b := a + 2 * \phi + (\lambda - 1) * \psi; \\
&\quad c := b + 2 * \phi + (\mu - 1) * \psi; \\
&\quad A := \text{kaku}(0, \eta, 8), \text{awa}(0, \eta, 18); \\
&\quad B := \text{kaku}(a, \lambda, 8), \text{awa}(a, \lambda, 18); \\
&\quad C := \text{kaku}(b, \mu, 8), \text{awa}(b, \mu, 18); \\
&\quad D := \text{kaku}(c, 8 - \eta - \lambda - \mu, 8), \text{awa}(c, 8 - \eta - \lambda - \mu, 18); \\
&\quad plots_{display}([daien, A, B, C, D], scaling = CONSTRAINED, \\
&\quad\quad axes = NONE) \\
&\mathbf{end\ proc}
\end{aligned}
$$

$CONSTRAINED$ は縦横の比が $1:1$ になるよう出力するためであり，$NONE$ は座標軸を消すためである．

したがって，問題 1.1 の解答を与えるには，先述の定理 1.1 により，

---

[26]ただし，この段階では，位置 a と個数 m がわかればよく，小円の色彩自体はどうでもよい．その意味で，`kaku(a,m,n)` の n と `awa(a,m,n)` に現れる n は無関係である．

[27]すなわち，この例では，大円，小円，外接四辺形それぞれに色が付けてあるが，もちろん本書の印刷には反映しない．

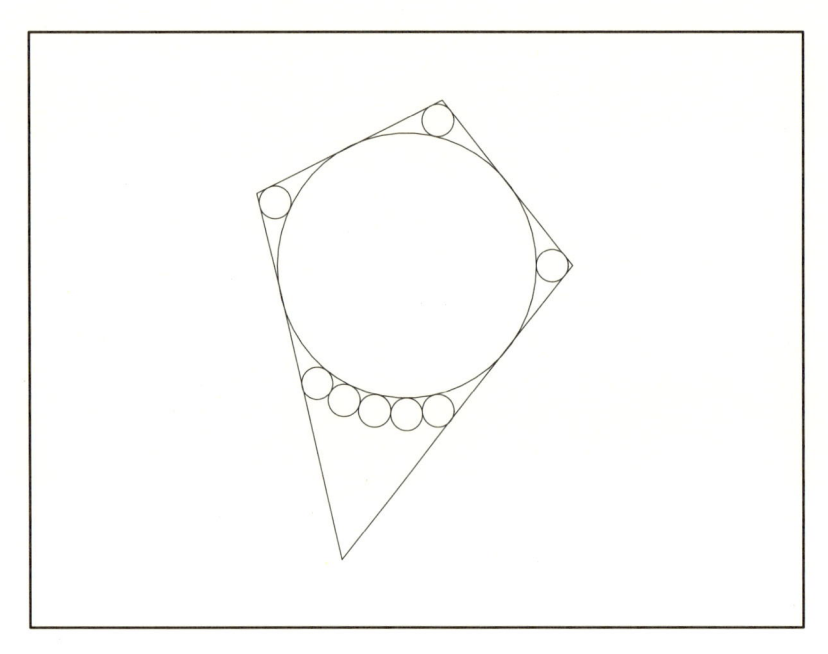

図 1.5: suurisinhen(1,1,1) の出力

$$\text{suurisinhen}(1,1,1), \text{suurisinhen}(1,1,2), \text{suurisinhen}(1,1,3),$$
$$\text{suurisinhen}(1,2,1), \text{suurisinhen}(1,2,2), \text{suurisinhen}(1,2,3),$$
$$\text{suurisinhen}(1,3,1), \text{suurisinhen}(2,2,2)$$

の 8 通りの図を出力すればよい．

1.5.2 出力結果

プロシデュア suurisinhen の実際の出力結果を以下に示す（図 1.5 〜 1.12）．

1.6 「暫定解」の軌道計算

1.6.1 軌道計算の準備

暫定解 の軌道計算を，行列の計算のための Maple の linalg パッケージを利用して実行する．ただし，Maple に馴染みやすい記号を使うので，本文中のものとは違う．例えば，左 は L，裏 は M とし，左^2 などは LL などとした．また，$(\eta, \lambda, \mu, \nu)$ とあるべきところを $[\eta, \lambda, \mu, \nu]$ としてある．特に，$(\eta, \lambda, \mu, \nu)$[軌道] は kidoo$[\eta, \lambda, \mu, \nu]$ として

1.6. 「暫定解」の軌道計算

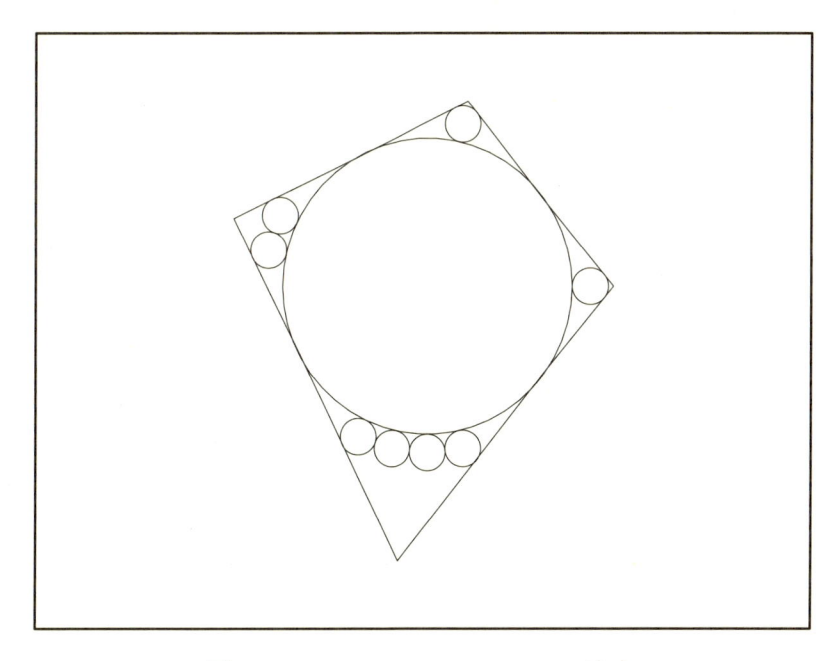

図 1.6: suurisinhen(1,1,2) の出力

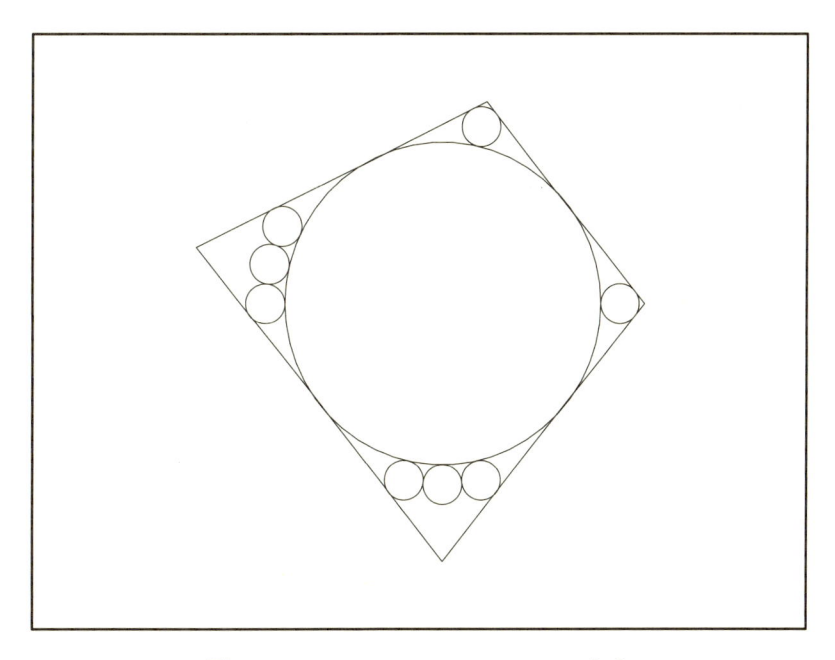

図 1.7: suurisinhen(1,1,3) の出力

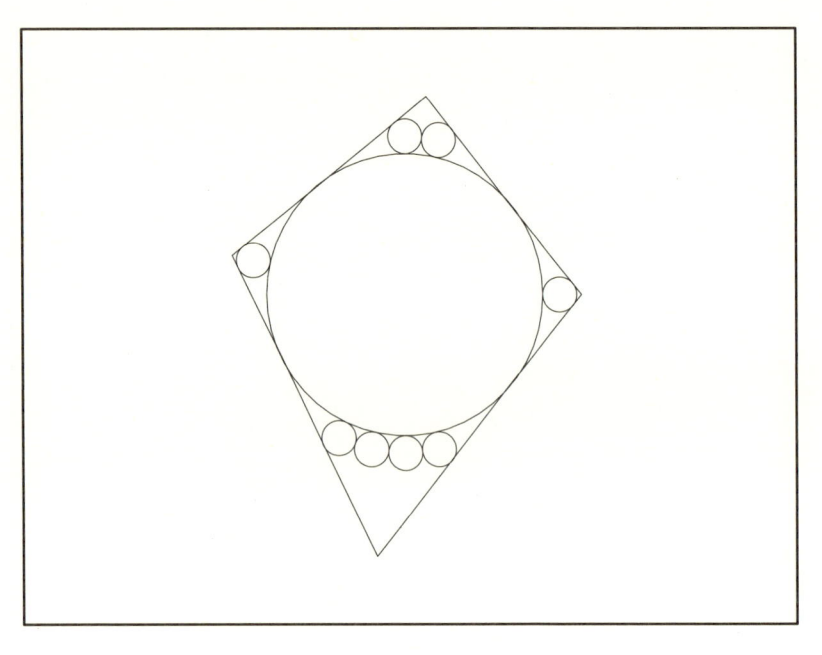

図 1.8: suurisinhen(1,2,1) の出力

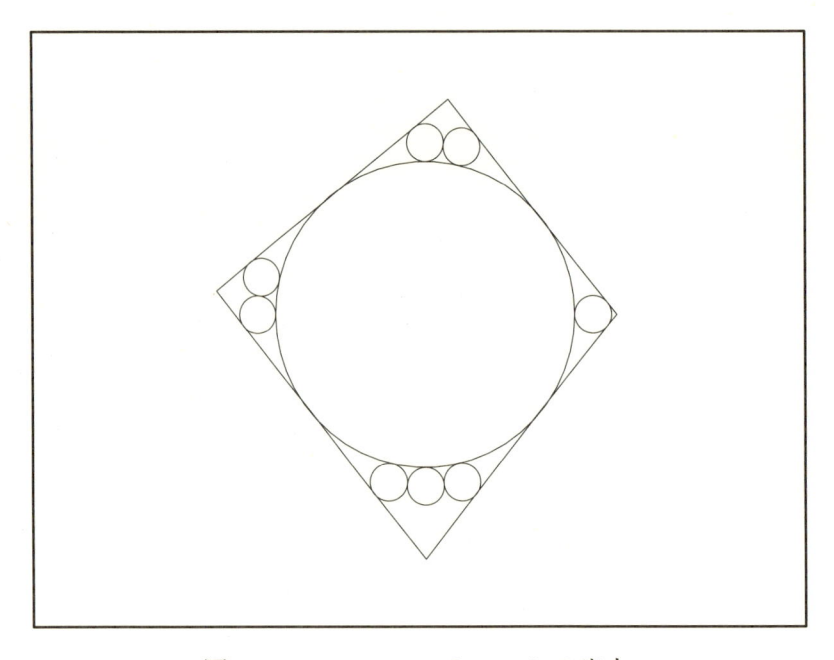

図 1.9: suurisinhen(1,2,2) の出力

1.6. 「暫定解」の軌道計算

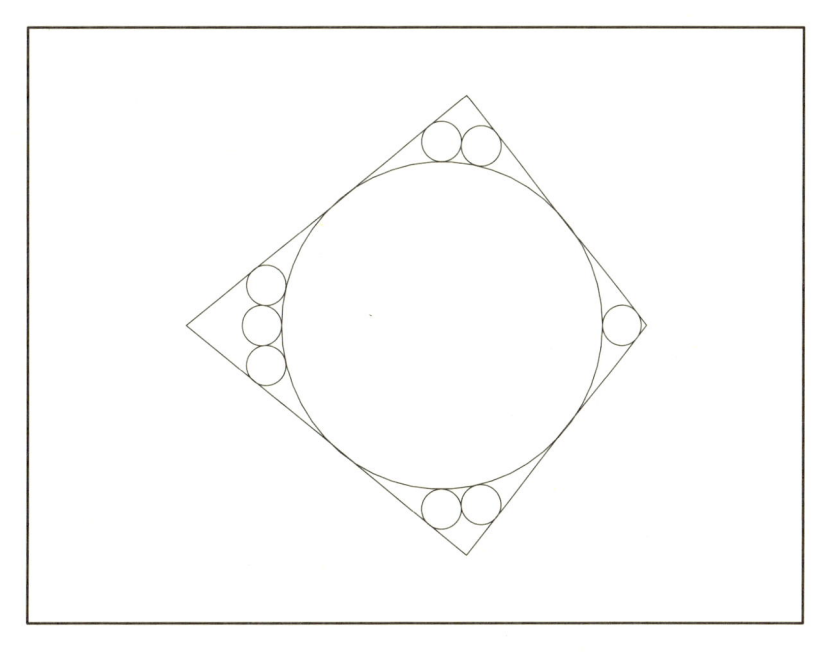

図 1.10: suurisinhen(1,2,3) の出力

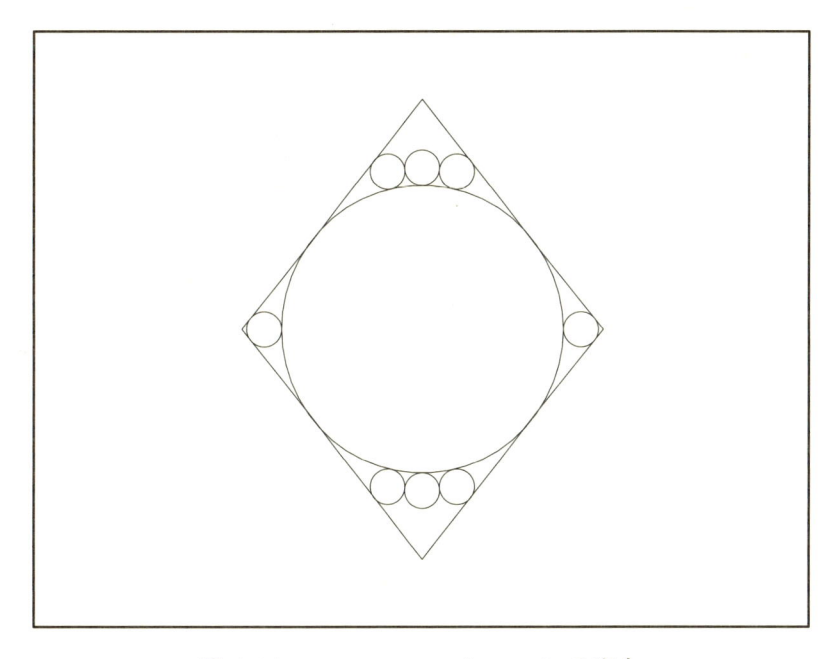

図 1.11: suurisinhen(1,3,1) の出力

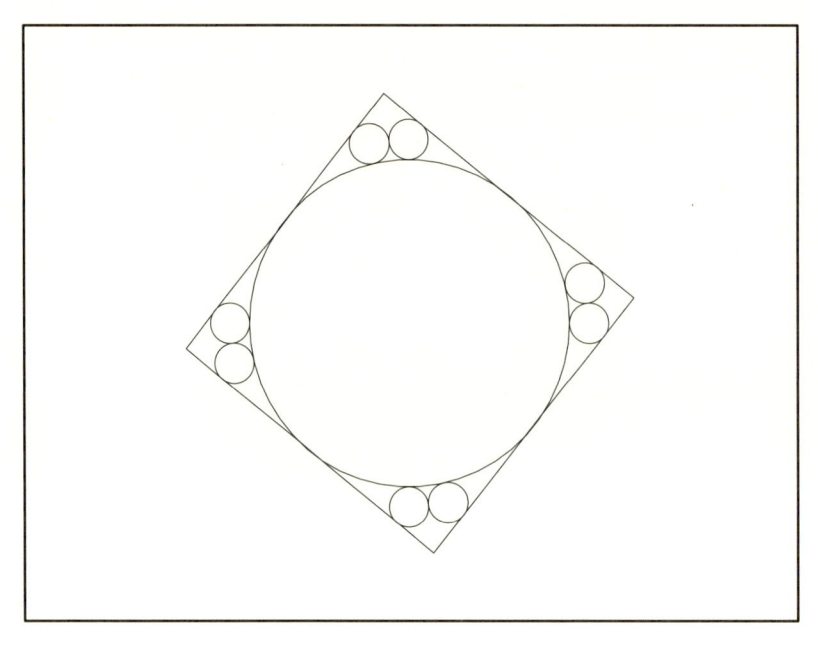

図 1.12: suurisinhen(2,2,2) の出力

計算した.

まず, (1.14) の操作を列挙する. 以下で, E, L, LL, LLL, M, LM, ML, LLM が, それぞれ, **不動**, **左**, **左**^{2}, **左**^{3}, **裏**, **左裏**, **裏左**, **左**^{2}**裏** に相当する. これらは 4×4 行列で表してはあるのだが, 敢えて出力はしない[28]. 代わりに, $(\eta, \lambda, \mu, \nu)$ に作用させたときの効果を示す.

$$v = [\eta, \lambda, \mu, \nu]$$
$$vE = [\eta, \lambda, \mu, \nu],\ vL = [\nu, \eta, \lambda, \mu],\ vM = [\eta, \nu, \mu, \lambda]$$
$$vLL = [\mu, \nu, \eta, \lambda],\ vLLL = [\lambda, \mu, \nu, \eta]$$

---

[28] Maple で表せば, つぎのようになる. evalm は「行列」としての評価を要求するときに付すものであり, &* は「行列の積」を意味する. Maple という言語での約束事である.

```
>   L:=matrix(4,4,[0,1,0,0,0,0,1,0,0,0,0,1,1,0,0,0]):
>   M:=matrix(4,4,[1,0,0,0,0,0,0,1,0,0,1,0,0,1,0,0]):
>   E:=matrix(4,4,[1,0,0,0,0,1,0,0,0,0,1,0,0,0,0,1]):
>   LL:=evalm(L&*L):
>   LLL:=evalm(LL&*L):
>   LM:=evalm(L&*M):
>   ML:=evalm(M&*L):
>   LLM:=evalm(LL&*M):
```

1.6. 「暫定解」の軌道計算

$$vLM = [\nu, \mu, \lambda, \eta],\ vML = [\lambda, \eta, \nu, \mu],\ vLLM = [\mu, \lambda, \eta, \nu]$$

(1.14) の操作からなる集合を G とおく：

$$G = \{\ E,\ L,\ LL,\ LLL,\ M,\ LM,\ ML,\ LLM\ \} \tag{1.26}$$

脚注 17 が示唆するように，G はある意味で閉じた（自足した）集合である．

ここで，vL などの仕組を説明しよう．$v = (\eta, \lambda, \mu, \nu)$ の，例えば，第 2 成分 λ を形式的に取り出すには，

$$\lambda = \eta \cdot 0 + \lambda \cdot 1 + \mu \cdot 0 + \nu \cdot 0$$

という計算を行えばよい．同様に，第 4 成分 ν の取出しには

$$\nu = \eta \cdot 0 + \lambda \cdot 0 + \mu \cdot 0 + \nu \cdot 1$$

の計算を実行する．そこで，記号上の約束として，横に並べられた（ここでは 4 個）の記号の組（「行」と言おう）

$$\mathrm{p} = (\alpha, \beta, \gamma, \delta)$$

と[29]縦に並べられた記号の組（「列」と言おう）

$$\mathrm{q} = \begin{pmatrix} a \\ b \\ c \\ d \end{pmatrix}$$

との「積」を

$$\mathrm{p} \cdot \mathrm{q} = \alpha \cdot a + \beta \cdot b + \gamma \cdot c + \delta \cdot d \tag{1.27}$$

としてみよう．もちろん，α と a，β と b などの積や和があらかじめ定義されていないと，この計算はできない．以上から，

$$\mathrm{e}_1 = \begin{pmatrix} 1 \\ 0 \\ 0 \\ 0 \end{pmatrix},\ \mathrm{e}_2 = \begin{pmatrix} 0 \\ 1 \\ 0 \\ 0 \end{pmatrix},\ \mathrm{e}_3 = \begin{pmatrix} 0 \\ 0 \\ 1 \\ 0 \end{pmatrix},\ \mathrm{e}_4 = \begin{pmatrix} 0 \\ 0 \\ 0 \\ 1 \end{pmatrix}$$

として，$v = (\eta, \lambda, \mu, \nu)$ に対し，

$$\eta = v \cdot \mathrm{e}_1,\ \lambda = v \cdot \mathrm{e}_2,\ \mu = v \cdot \mathrm{e}_3,\ \nu = v \cdot \mathrm{e}_4$$

---

[29] 言葉としては，「行」，「列」と言い切るよりも，「行ベクトル」，「列ベクトル」と言った方が語法の限定が明白なので具合がよいかも知れない．ここでは，すぐ後で説明する「行列」との関連を重視している．

と表せることがわかる．したがって，

$$(\nu, \eta, \lambda, \mu) = vL = (v \cdot e_4, v \cdot e_1, v \cdot e_2, v \cdot e_3)$$

でもある．右辺を $v \cdot [e_4, e_1, e_2, e_3]$ とまとめてもよいであろう．すると，

$$L = [e_4, e_1, e_2, e_3] = \begin{pmatrix} 0 & 1 & 0 & 0 \\ 0 & 0 & 1 & 0 \\ 0 & 0 & 0 & 1 \\ 1 & 0 & 0 & 0 \end{pmatrix} \tag{1.28}$$

と表せる．第3辺は第2辺を改めて書き出したものである．第3辺のような数字や記号の配列を「行列」という．

問 1.6.1 E, M は，行列として

$$E = \begin{pmatrix} 1 & 0 & 0 & 0 \\ 0 & 1 & 0 & 0 \\ 0 & 0 & 1 & 0 \\ 0 & 0 & 0 & 1 \end{pmatrix}, \quad M = \begin{pmatrix} 1 & 0 & 0 & 0 \\ 0 & 0 & 0 & 1 \\ 0 & 0 & 1 & 0 \\ 0 & 1 & 0 & 0 \end{pmatrix}$$

と表せることを確かめよ．

さて，行列として L を見ると，行 $(0,1,0,0), (0,0,1,0), (0,0,0,1), (1,0,0,0)$ が上から並べられているとも考えられるし，列

$$\begin{pmatrix} 0 \\ 0 \\ 0 \\ 1 \end{pmatrix}, \begin{pmatrix} 1 \\ 0 \\ 0 \\ 0 \end{pmatrix}, \begin{pmatrix} 0 \\ 1 \\ 0 \\ 0 \end{pmatrix}, \begin{pmatrix} 0 \\ 0 \\ 1 \\ 0 \end{pmatrix}$$

が左から並べられているとも考えられる．E や M についても同様である．行列 L と M の「積」は，L の各行と M の積

$$(0,1,0,0)M = (0,0,0,1), \quad (0,0,1,0)M = (0,0,1,0),$$
$$(0,0,0,1)M = (0,1,0,0), \quad (1,0,0,0)M = (1,0,0,0)$$

を組み合わせて得られる行列

$$LM = \begin{pmatrix} 0 & 0 & 0 & 1 \\ 0 & 0 & 1 & 0 \\ 0 & 1 & 0 & 0 \\ 1 & 0 & 0 & 0 \end{pmatrix}$$

とする．

1.6. 「暫定解」の軌道計算

問 1.6.2 行列 M と L の積は

$$ML = \begin{pmatrix} 0 & 1 & 0 & 0 \\ 1 & 0 & 0 & 0 \\ 0 & 0 & 0 & 1 \\ 0 & 0 & 1 & 0 \end{pmatrix}$$

となることを示せ．行列の積 LM と ML は一致しない．

一方，行列の積において，$EL = LE = L$, $EM = ME = M$ の成立は容易に確かめられるであろう．

問 1.6.3 L の累乗 LL, LLL について

$$LL = \begin{pmatrix} 0 & 0 & 1 & 0 \\ 0 & 0 & 0 & 1 \\ 1 & 0 & 0 & 0 \\ 0 & 1 & 0 & 0 \end{pmatrix}, \quad LLL = \begin{pmatrix} 0 & 0 & 0 & 1 \\ 1 & 0 & 0 & 0 \\ 0 & 1 & 0 & 0 \\ 0 & 0 & 1 & 0 \end{pmatrix}$$

を示せ．LLLL はどうなるか[30]．

問 1.6.4 行列 LL と M の積は

$$LLM = \begin{pmatrix} 0 & 0 & 1 & 0 \\ 0 & 1 & 0 & 0 \\ 1 & 0 & 0 & 0 \\ 0 & 0 & 0 & 1 \end{pmatrix}$$

となることを示せ．MLL はどうなるか[31]．

$MM = E$ など確かめてはいない関係式はまだある．本来は，「群」という数学的な概念を念頭に置いて扱うべきことではある．ここでの「行列」の解説は，軌道の計算を組織的に行うことができるということの説明のためである．

問 1.6.5 (1.26) の集合 G の要素を行列として表現せよ．

---

[30] $LLLL = E$.
[31] $MLL = LLM$ となる．

1.6.2 軌道を与えるプロシデュア

つぎは，$v = (\eta, \lambda, \mu, \nu)$ として，v[軌道] を集合として計算するためのプロシデュアである．ただし，kidoo(v) の形にしてある．(1.26) の集合を

$$G = \{G_1, G_2, G_3, G_4, G_5, G_6, G_7, G_8\}$$

と表せば，

$$v[軌道] = \text{kidoo}(v) = \{v\, G_i,\ i = 1, 2, \cdots, \}$$

となる．しかも，右辺の集合は相異なる元だけからなる．Maple でも実質的に同様で，集合として計算すると要素の重複が発生しない．ただし，計算のセッション毎に要素の配列順序は変わってしまう．

$$kidoo := \mathbf{proc}(v::list)\,\mathbf{local}\,i;\,\{\text{seq}(\text{evalm}(`\&*`(v, G_i)), i = 1..8)\}\,\mathbf{end\ proc}$$

ここで，

$$`\&*`(v, G_i) = v\,\&* G_i$$

は行ベクトル v に行列 G_i を乗じたものである．左辺は，`&*` をいわば 2 変数 v, G_i の関数を表す記号のように用いており，右辺は `&*` を $+, -, \times, /$ のような記号と同じように扱うものである．

1.6.3 出力された軌道の例

以下に計算結果を掲げる．(1.16) (1.17) (1.20) (1.21) (1.22) (1.23) (1.24) (1.25) が得られる．

$$\text{kidoo}([5, 1, 1, 1]) = \{[1, 5, 1, 1], [1, 1, 5, 1], [1, 1, 1, 5], [5, 1, 1, 1]\}$$

$$\text{kidoo}([4, 2, 1, 1]) = \{[2, 1, 1, 4], [1, 1, 4, 2], [4, 1, 1, 2], [1, 4, 2, 1], [4, 2, 1, 1],$$
$$[1, 2, 4, 1], [1, 1, 2, 4], [2, 4, 1, 1]\}$$

$$\text{kidoo}([4, 1, 2, 1]) = \{[1, 2, 1, 4], [1, 4, 1, 2], [4, 1, 2, 1], [2, 1, 4, 1]\}$$

$$\text{kidoo}([3, 3, 1, 1]) = \{[1, 3, 3, 1], [3, 3, 1, 1], [1, 1, 3, 3], [3, 1, 1, 3]\}$$

$$\text{kidoo}([3, 2, 2, 1]) = \{[2, 2, 3, 1], [2, 3, 1, 2], [2, 1, 3, 2], [1, 3, 2, 2], [2, 2, 1, 3],$$
$$[3, 2, 2, 1], [3, 1, 2, 2], [1, 2, 2, 3]\}$$

$$\text{kidoo}([3, 2, 1, 2]) = \{[2, 1, 2, 3], [1, 2, 3, 2], [2, 3, 2, 1], [3, 2, 1, 2]\}$$

$$\text{kidoo}([3, 1, 3, 1]) = \{[3, 1, 3, 1], [1, 3, 1, 3]\}$$

$$\text{kidoo}([2, 2, 2, 2]) = \{[2, 2, 2, 2]\}$$

第2章 数珠つなぎの円板

2.1 問題と解答

2.1.1 問題

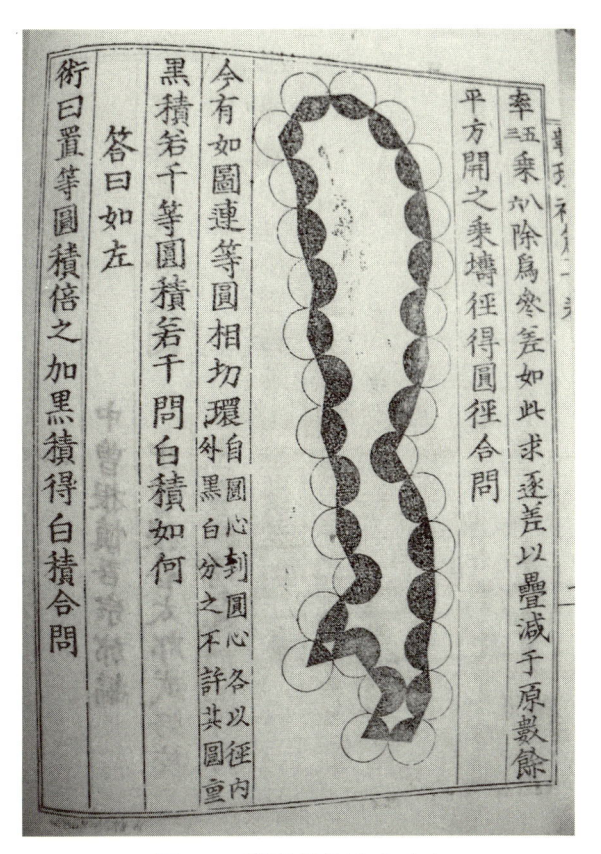

図 2.1: 数理神篇から (2)

平成 14 年度の数学科紹介パンフレット表紙にも，九州大学附属図書館「桑木文庫」

所収の『数理神篇』から，図形的な印象を重視して選んだ問題を載せた（図 2.1）[1]．

問題は次の通り．

問題 2.1 有限個の合同な円が重なり合うことなく接しつつ連なり，全体として閉じた輪を作っているとする．すなわち，$C_1, C_2, \cdots, C_N$ を N 個の合同な円の中心，r を（合同な）円の半径とすれば[2]，$C_j C_{j+1} = 2r, \, j = 0, \cdots, N, \, C_j C_k \geq 2r, \, j \neq k; \, j, k = 1, \cdots, N$ である．特に，$\Delta = C_1 C_2 \cdots C_N C_1$ は，閉じた折れ線になる．そこで，上の N 個の円で，Δ の内部に入る部分を黒く，外部に出る部分を白く，色分けする．このとき，黒い部分の面積と白い部分の面積を求めよ．

ちなみに，「数理神篇」の原文は図を付した後に，次のように述べる：

今有如図連等円相切環　　自円心到円心各以径内
　　　　　　　　　　　　外黒白分之不許其図重

黒積若干等円積若干問白積如何

解答は簡単で

術曰置等円積倍之加黒積得白積合問

とある[3]（漢字は現行のものに改めた）．

原文には，解答の過程は示されてはいないが，高校 1 年生修了の水準で十分に到達できるものである（一般の N の場合は，本来，「数学的帰納法」が潜んでおり，難があるかもしれない）．念のために，以下に，解答を示す．

[解] 例えば，中心 C_j の円に注目しよう．線分 $C_{j-1}C_j$ と線分 $C_j C_{j+1}$ は，いずれも長さ $2r$ である．角 $C_{j-1}C_j C_{j+1}$ は C_j における折れ線図形 Δ の頂角（内角）である．これを θ_j とおけば，中心 C_j の円の黒い部分の面積は

$$\text{黒積}_j = \frac{\theta_j}{2\pi} \times \pi r^2 = \frac{1}{2} r^2 \theta_j \tag{2.1}$$

となる[4]．したがって，求める黒い部分の面積は

$$\text{黒積}_\text{全} = \sum_{j=1}^{N} \text{黒積}_j = \frac{1}{2} r^2 \sum_{j=1}^{N} \theta_j \tag{2.2}$$

---

[1] ただし，筆者は，和算を高く評価すべきだと考えているわけではない（§2.2.1 以降を見られよ）．
[2] $C_{N+1} = C_1, \, C_0 = C_N$ として．
[3] すなわち，式で表せば，

$$2\pi r^2 + \text{黒積} = \text{白積} \quad (\pi: \text{円周率})$$

を意味することになり，しかも，これは (2.4) (2.5) から明らかなように，正しい．
[4] ここでは弧度法（ラディアン）を利用している．弧度法については，第 1 章の脚注 9 を見よ．

2.1. 問題と解答

である．ところで，折れ線図形 Δ は N 個の頂点を持つから $N-2$ 個の三角形に分割される．ゆえに，Δ の内角の和は $(N-2)\pi$，つまり，

$$\sum_{j=1}^{N} \theta_j = (N-2)\pi \tag{2.3}$$

である．したがって，

$$黒積_全 = \frac{1}{2}(N-2)\pi r^2 \tag{2.4}$$

となる[5]．一方，白い部分の面積は，N 個の円の面積から黒い部分の面積を引いたものである．すなわち，

$$白積_全 = N\pi r^2 - 黒積_全 = \frac{1}{2}(N+2)\pi r^2 \tag{2.5}$$

となる． [解終]

2.1.2 議論の解析

解答を分析（解析[6]）してみると，以下の 4 点を基礎としていることがわかる．

原理 1 三角形の内角の和は 2 直角である．

原理 2 1 点の周りの角は 4 直角である[7]．

原理 3 N 辺形は任意に選んだ 1 頂点とそれとは隣接していない $N-3$ 個の頂点とを結ぶ線分から構成される $N-2$ 個の三角形に分割される．

原理 4 扇形の面積は円周角に比例する．

われわれの解答では，**原理 1** と **原理 3** の組合せによって，N 辺形の内角の和が $(N-2) \times (2\,直角)$ となることを利用している．N 辺形の頂点を中心とする合同な円板を念頭に，**原理 2**，**原理 4** を適用すれば，N 辺形の内部に入っている円板の部分の面積は全円板の面積の $(1 - \frac{2}{N})$ 倍になることが従う．すなわち，(2.4) の本質的な内容である．

---

[5] 原文に従えば，黒積$_全$ は，単に，黒積とするべきものではあるが．白積についても同様．

[6] 分析も解析も欧語では analysis である．analysis は，「解きほぐす」の意のギリシア語起源の由．例えば，英語辞書の語源欄を調べられたし．

[7] **原理 2** は，点 P を通る任意の直線 XY に対して，角 XPY が 2 直角（平角）であるということと同値である．実際，点 P のまわりの角は角 XPY の 2 倍だからである．角 XPY として測られるべきものを直線 XY の両側いずれにとっても，これらは直線に関する平面の折り返しで重なる，つまり，合同である．ちなみに，平面内の幾何学的図形は折り返しなどの運動で変形しないという想定が背後にある．

しかし，和算家はどう考えたのだろうか．**原理3**，**原理4** は難しくはないし，直観に訴える幾何的な議論で正しい結論が得られる[8]．だが，**原理1**，**原理2** を和算家は明確に意識していただろうか[9]．

皆さんも，実は，**原理1**，**原理2** という設定に奇異な想いを抱かれたかも知れない．実際，これらは「平行線の公理」[10]のもとでは同値であり，本来問われるべきことは和算家のこの公理に対する自覚のはずだと喝破されてしかるべきことなのである．

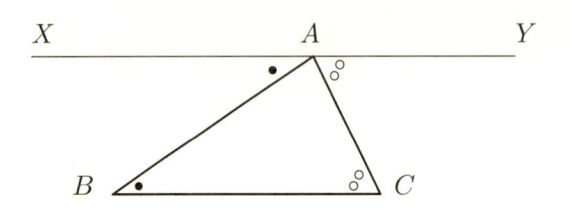

図 2.2: 三角形の内角の和のための参考図

注意 2.1.1 原理1と原理2の同値性を確かめてみよう．頂点 A, B, C の三角形 ABC を考える．頂点 A は他の頂点 B, C を通る直線の上にはない（とするのは当然である．なぜ？）．A を通り，線分 BC に**平行な**直線を XY とする．平行線の公理の帰結として，角 XAB と角 ABC，角 CAY と角 BCA とがそれぞれ合同であることがわかる（図 2.2）．一方，三角形 ABC の内角の和とは，角 ABC，角 BCA，角 CAB（= 角 BAC）の和に他ならない．したがって，角 XAB，角 BAC，角 CAY の和でもあるが，これは角 XAY に一致する．すなわち，**原理2**と**原理1**とは同値である（脚注7）．

---

[8]ただし，**原理4** に関しては**原理2** が前提になる．
[9]もとより調べればわかることであり，したがって，調査こそまず行うべきことであるが，素人の悲しさ，今は用意がない．以下の考察は，正鵠を射ているとの秘めやかな自負はあるが，調査結果によってはただの与太話に過ぎないものになってしまうかも知れないことをお含みおきいただきたい．
[10]後述する（§2.2.2）．なお，小平邦彦『幾何への誘い』（文献 [4]，p.58 以降）を見られたい．

2.2 解答後の感想

2.2.1 和算

　和算は，17世紀後半から18世紀初頭の関孝和や建部賢弘らによって発展した．かれらの業績は同時代の西欧の数学，すなわち，ニュートンやライプニッツらによって展開されたものとも比肩されるとして（少なくとも日本では）高く評価されている．その証左に，日本の主要な数学者によって構成される日本数学会は，関や建部の名前を付した賞によって広く日本の数学の発展に貢献している人士の顕彰に努めている．

　ここで掲げた問題は，冒頭にも触れたように，図形的な印象を先行させての選択の結果であり，和算の水準として高度のものというわけではない．したがって，この問題を検討して和算の全体像を探ろうとすることは全く意味をなさないが，§2.1.2 で試みたように，多少の反省を加えるだけで，さまざまな疑問点が浮かんでくる[11]．

　和算がわれわれの興味を惹くのは，その到達点のそれなりの高さを信じて，日本人の，あるいは，広く漢字文化圏の数学的能力の発揮の証明になっていると考えられるからである[12]．正直なところを言えば，恐らく，ここ何世紀かの西欧文明の圧倒的な成功に対し，多少とも一矢を報いた例があるという感覚が味わえるという想いがあると思われる．言わば，自己確認の一環というわけである[13]．

　ところで，多くの和算の解説書では，和算の歴史は，吉田光由の塵劫記（1627年）から始まるとしている[14]．塵劫記は，実用数学的な例解集という趣の利便性の高さも与ってであろうか，爆発的な評判を呼んだようである．したがって，塵劫記を和算の祖と考えるのは恐らく正しいと思うが，出版の時代背景を読み取る必要がある．吉田光由は角倉了以に連なる京都の豪商で，生年は豊臣秀吉の没年と同じ16世紀の末1598年であった．光由の活躍期は17世紀前半の江戸幕府の基礎が固まってからであり，前世紀の激動の記憶は急速に失われつつあっただろう[15]．塵劫記の問題は，瞥見した限り，時代の

---

[11] 前年のパンフレットの表紙に選んだものは，原文の解答が誤っており，その背景事情を忖度することは興味深い作業であった．しかし，技術的には高校段階に留められず，説明会用にはふさわしいとは言えなかった．今回は，幸い，技術的には，いわゆるセンター試験程度であるが，高校段階を超えた「感想」を引き出すことはできる．

[12] 例えば，王青翔『「算木」を超えた男：もう一つの近代数学の誕生と関孝和』([10])

[13] 最近は和算関連の書物がずいぶん出版されている．書店の店頭を探るだけでなく，インターネットで検索してみていただきたい．残念ながら絶版になっているようであるが，（例えば，学校の図書室にはあるかも知れない）小倉金之助『日本の数学』（文献 [6]）には今日でも通用する知見が述べられていたと思う．ちなみに，小倉は「ウィッタカー（Whittaker）の正準正弦関数」と今日呼ばれている関数 $\operatorname{sinc}(x) = \frac{\sin x}{x}$ の重要性に，名称のもととなったウィッタカーという応用数学者よりもやや早く気づいていたようだという（ドイツの数学者の調査による．[11] 参照）．

[14] 例えば，佐藤健一『江戸のミリオンセラー「塵劫記」の魅力 — 吉田光由の発想』（文献 [9]）．ちなみに，九大の桑木文庫にも塵劫記のさまざまな版本が収められている．

[15] 17世紀前半の大坂の冬夏の陣と島原の乱は江戸幕府の基本政策を定めたという意味で重要である．島原の乱は最後の大規模な軍事活動であったと理解できる．関が原から40年足らず，大坂の陣からは四半世紀

変化を反映するだけでなく，過去の世紀の記憶も留める役割を果たしたように思われる．一方で，塵劫記の編集様式や姿勢は後の和算のあり方を規定することにもなった．

　和算については，江戸期の日本で独自に発達した数学の一部であり，その成果には同時代の西欧数学の知見に先駆けるものもあった，として整理されている．明治以降の組織的な教育が「洋算」（つまり，近代の西欧系数学）に移行したこともあり，忘れ去られるままになった和算は，数学に関心を持たなければ，文字通り，関係ないとして片付けられそうである．しかし，和算は，良きにつけ悪しきにつけ，日本人の活動の様子が，数学という，狭くかつ他文化との比較の容易そうな分野に集約して現れているものとして，大変興味深い．この意味で，歴史，社会，文化を検討する一般的な文脈で，公平かつ客観的に，和算が話題にされることが稀なようなのは惜しいと思う．先日，ある数理論理学者との会話で，和算の論理体系はどうなっているのだろうか，背理法はあったのだろうか，ということが話題になった．素朴な形で背理法的な論法が用いられることは，江戸落語にも近い噺があるように，なかったとは言えまい．しかし，背理法による結論が正しいとする論証規則が承認されていたか，ということが問題になったのである[16]．

2.2.2　平行線の公理（定理 2.1）

　注意 2.1.1 では，平行線の公理を利用した．まず，2 直線が平行であるということを復習しよう．平面内の異なる 2 直線は，交点を持たないときに平行であるといわれる[17]．

平行線の公理　任意の直線について，その上にない任意の点を通り，最初の直線に平行な直線がちょうど 1 個存在する．

も経過していないのに，幕府方は乱の鎮圧にオランダ海軍の支援を必要としたと聞いている．日本型の技術や知識は緊急性が失われると，急速に劣化し，しかも，必要が生じても早期の回復が困難であることを示すもののようである．また，当時の風潮として，軍事的あるいは政治的敗者は処刑や自決によってこの世から退場した．さらに，時代場所を問わないことであるが，敗者に関係した事績は，勝者により破壊され改竄されて，後世に伝わらない．当時は，敗者でなくても平均寿命が短く，世代の交代も早かったから，不要とされた記憶・経験の喪失は急速であったであろう．そのような知識，技術のうち，極めて重要なものにキリシタン起源のものがあったはずである．キリシタンは 16 世紀中葉に日本に現れ，半世紀足らず後には日本の社会の表面からは消えた．このわずかの期間に，鉱山，運河開削，築城，砲術などの多くの土木技術や軍事技術が西欧の影響を受けたと信じられている．当時の西欧数学，少なくとも，ユークリッドの原論も伝わっていたのではないだろうか．塵劫記所収の問題にも，設定はともかく，また，断片的ながら，そのような事情を示唆するものがあるが，古来の中国系かも知れず，何とも言えない．しかし，同時代に中国に渡ったイエズス会士が伝えた各種の西欧技術にはユークリッドも含まれているのである．例えば，横地清『数学の文化史（敦煌から斑鳩へ）』（文献 [16]）を見よ．

[16] これは調べれば（つまり，専門家には）わかることである．和算は流派があり免許状があったようであるから（第 1 章，脚注 20），細かい処理の手順が定められていたと思われるが，その中に相応の「論理体系」を発掘することができるであろう．ただし，和算だけに留めるべきことではなく，少なくとも江戸期の日本人が拠っていた論理体系の構造を明らかにするという問題と考えるべきである．後述するが，背理法が正しく適用されるためには語義が明確に定められていなければならない．語義が曖昧なままの一般の話題では，落語のように，むしろ結論をはぐらかすのに役立つのではないだろうか．

[17] 小平前掲書 [4]．「定義」（同書 p.61）参照．平行線の公理は「公理 IV」（同書 p.62）．

2.2. 解答後の感想

この公理の表現に「ちょうど1個」[18]という論理的な効果の高い仕掛けがあることに注意をしてほしい.

さて，2直線 t, s の両方に第3の直線 r が交わるとし，t, r の交点を A, s, r の交点を B としよう．今，t 上に点 X, X', s 上に点 Y, Y' を（右から）X, A, X', Y, B, Y' と並ぶようにとり，r 上に点 Z, Z' を（上から）Z, A, B, Z' と並ぶようにとろう．このとき，角 XAZ と角 YBZ, 角 ZAX' と角 ZBY', 角 $X'AZ'$ と角 $Y'BZ'$, 角 $Z'AX$ と角 $Z'BY$ は，いずれも**同位角**（をなす）といわれる．また，角 ZBY と角 $X'AZ'$, 角 XAZ' と角 $Y'BZ$ はいずれも**錯角**（をなす）といわれる（図 2.3）．

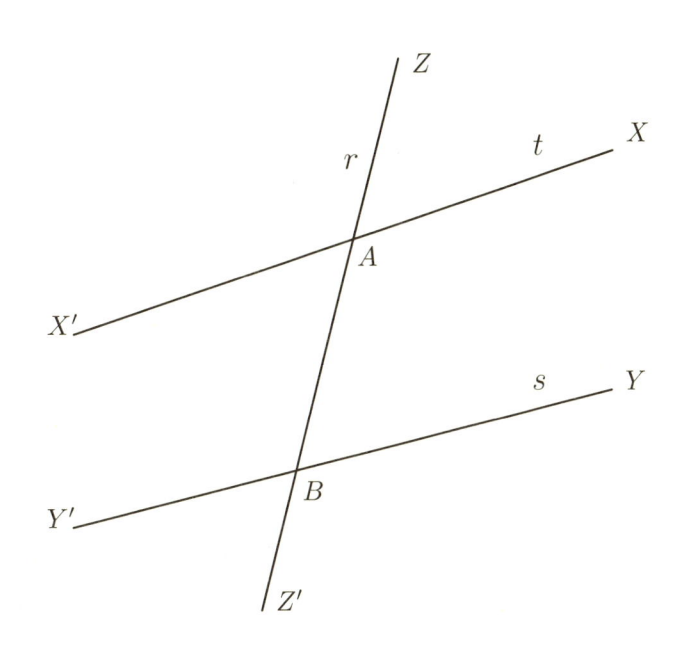

図 2.3: 同位角・錯角のための参考図

2直線の平行性の判定は，定義に従う限り，両直線の交点の有無を検証することに帰着する．しかし，直線は**無限に延びる**ものであるのに，われわれが利用できる各種の測定機などの物理的な手段は本質的に**有限**である．平行性の判定を何らかの有限な条件に基づいて行うことができるとすれば，それは（実用上の観点からも）非常に重要である．ユークリッド は，以下に示すように，そのような有限的な条件を与えた．**論理の力**[19]で，有限から無限への飛躍ができたのである．

---
[18]通例の数学者方言では,「ただ一つだけ…ある」「ただ一つしか…ない」あるいは「一意的に…ある」という．生硬な表現と思い，ここでは避けてみたが，どうだろうか．
[19]「力」という積極的な表現を敢えてしている．ユークリッドの命題が俗に言う「筋道の通った考え方」と

定理 2.1　異なる直線 t, s が平行であるための必要十分条件は，t, s の両者に交わる第 3 の直線 r が t, s となす任意の 1 組の錯角が等しいことである．この条件は，任意の 1 組の同位角が等しいこととも同値である．

例えば，図 2.3 で言えば，2 直線 t, s の平行性の判定が，角 $X'AZ'$ と角 YBZ（錯角）との比較で可能になる．あるいは，角 XAZ と角 YBZ（同位角）の比較でもよいのである．すなわち，原理的には「手元の」錯角の大きさを測定し，比較すればよく，無限の彼方を（確固たる当てもないまま）探らなくてもよいことになる[20]．また，錯角の相等条件と同位角の相等条件の同値性は，角 $X'AZ'$ と角 XAZ が対頂角として等しいことからわかる．一方，錯角の別の組，角 XAZ' と角 $Y'BZ$ については，

$$\text{角 } XAZ' = 2\text{直角} - \text{角 } X'AZ', \quad \text{角 } Y'BZ = 2\text{直角} - \text{角 } YBZ$$

だから，錯角の相等性の成否は錯角の組に依らない．

そこで，定理 2.1 を

$$\text{角 } X'AZ = \text{角 } YBZ \text{ がなりたつ} \iff 2\text{直線}\, t, s \text{ は平行である} \qquad (2.6)$$

という形で「証明」しよう．

まず，(2.6) の $\Longrightarrow$ の導出を示す．**背理法**による．錯角が等しいときに直線 t, s が交わるとして，矛盾が生ずるようなら，交わるという想定は成り立たず，両者は交わらない，つまり，平行ということになるのである．そこで，AX と BY が点 P で交わったとしよう．それを踏まえた上で，AX' 上に点 Q を $AQ = BP$ となるようにとって，三角形 ABP と三角形 BAQ とを比較する．すると，

$$AB = BA \text{（共通辺）}, \quad AQ = BP, \quad \text{角 } BAQ = \text{角 } ABP$$

が成立するはずである（最後は 角 $X'AZ$ = 角 YBZ の書き替えである）．したがって，三角形 ABP と三角形 BAQ とは合同，特に，角 BAP = 角 ABQ が成り立つことになる．このことは，錯角の相等性から

$$\text{角 } ZBY' = \text{角 } Z'AX = \text{角 } BAP = \text{角 } ABQ$$

と同じことであり，点 Q が BY' 上にあることを意味する．すなわち，直線 t, s は，いずれも異なる 2 点 P, Q を通るので，両者は一致していなければならない[21]．この結論は t, s が異なる 2 直線であるという前提と相容れない —— 矛盾が生じたのである[22]．

いうような水準ではないことへの注意を喚起するためである．

[20] ただし，現実には，測定精度の問題があり，また，仮に正確に測定できたとしても，測定値の十進展開の一致を判定することは，すべての桁の比較という**無限**の操作を必要とする．しかし，数値化を伴わない合同判定，つまり，移動と重ねあわせによる図形の比較は**有限**な操作で収まるとユークリッド（や一般に古典ギリシア人）は考えたのである．

[21] 「異なる 2 点を通る直線はちょうど 1 個ある」という公理による．小平 [4]．公理 II（同書 p.20）．

[22] 小平 [4] にある証明は別の形の主張との矛盾を導いている（同書 p.61）．

2.2. 解答後の感想

(2.6) の $\Longleftarrow$ の導出を示そう．ここで，平行線の公理を要する．

さて，平行な 2 直線 $t = XX'$, $s = YY'$ が第 3 の直線 $r = ZZ'$ とそれぞれ点 A, B で交わるとして，錯角の相等，すなわち，角 $YBZ =$ 角 $X'AZ'$ の成立を示せばよい．そこで，直線 ZZ' の X' と同じ側に，角 $YBZ=$ 角 $Z'AX''$ となるように，点 X'' をとる．このとき，(2.6) の $\Longrightarrow$ により，2 点 A, X'' を通る直線 t' と直線 s とは平行である．ところが，平行線の公理により，直線 s に平行で（s 上にない）点 A を通る直線はちょうど 1 個である．直線 t, t' は，いずれも s に平行で A を通るから，実は，一致する．したがって，X'' は t 上にあり，角 $YBZ =$ 角 $Z'AX'(=$ 角 $Z'AX'')$ の成立が示された．

問 2.2.1 t, s, r は相異なる 3 直線とする．t, s が平行であり，s, r が平行であるときに，t, r は平行になるか[23]．

2.2.3 背理法

定理 2.1 の証明の特徴は，(2.6) の $\Longrightarrow$ の部分において背理法という論理の力によって有限（錯角の相等性）から無限（2 直線の平行性）への飛躍がなされたところにある．

ここで，上で用いた背理法について反省しておこう．(2.6) の $\Longrightarrow$ の論法の背景には，次の 3 命題がある．

命題 2.1 角 $X'AZ =$ 角 YBZ がなりたつならば，2 直線 t, s は平行である．

命題 2.2 角 $X'AZ \neq$ 角 YBZ か，2 直線 t, s が平行であるかのいずれかがなりたつ．

命題 2.3 角 $X'AZ =$ 角 YBZ であり，かつ，2 直線 t, s は平行ではない，ということは成り立たない．

命題 2.1 は (2.6) の $\Longrightarrow$ の主張に他ならない．また，命題 2.3 の内容は，実際に上で示したことである．命題 2.2 は，奇妙な印象を与えるかもしれない[24]．

しかし，命題 2.1 が正しいとすれば，命題 2.2 も正しい．実際，角 $X'AZ \neq$ 角 YBZ については，命題 2.1 のもとでは想定されていないが，それ以外，つまり，角 $X'AZ =$

---

[23]ヒント：s 上の点 P を通り，直線 t, s, r と交わる第 4 の直線 u を考えよ．
[24]「甲」を "角 $X'AZ =$ 角 YBZ がなりたつ"，「乙」を "2 直線 t, s は平行である" という命題とする．命題 2.1 は『「甲」ならば「乙」である』，命題 2.2 は『「「甲」の否定」か「乙」のいずれかがなりたつ』，命題 2.3 は『「甲」と「「乙」の否定」は両立しない』という命題として整理できる．実は，一般に，「甲」「乙」の命題が何であれ，上の『』内の 3 命題の関係は，いずれか一つが正しければ残りの二つも正しく，いずれか一つが正しくなければ残りも正しくないのである．

角 YBZ のときは，命題 2.1 からは，2 直線 t, s は平行となるから，いずれにしても，命題 2.2 は正しいことになる．

ところが，実は，命題 2.2 が正しければ，命題 2.1 も正しいことがわかる．実際，角 $X'AZ =$ 角 YBZ がなりたてば，命題 2.2 からは，2 直線 t, s は平行となり，したがって，命題 2.1 は正しいことになる．命題 2.2 のもとでは，2 直線 t, s が平行でないのは，角 $X'AZ \neq$ 角 YBZ のときとなるから，命題 2.1 は正しいことになる．

さらに，命題 2.2 が正しければ，命題 2.3 も正しく，また，命題 2.3 の正しさを仮定すると命題 2.2 が正しいことになる．実際，命題 2.2 のもとでは，角 $X'AZ =$ 角 YBZ のときは 2 直線 t, s は平行でなければならず，命題 2.3 の主張は正しい．

したがって，命題 2.1 を証明するために，命題 2.3 の成立を示せばよかったので，論法は相当に複雑なのである．われわれは，幾何的な状況を念頭に置いていたから，このようには複雑さを意識しないでも済んだかもしれないが，脚注 24 に注意したように，この論法は一般的な形に整理できる．

背理法には別の形のものがある．例えば，次のユークリッドの命題は証明すべき命題の否定が成立しないことを示す形で証明される．

命題 2.4 2 の平方根 $\sqrt{2}$ は無理数である．

$\sqrt{2}$ は幾何学的には一辺の長さ 1 の正方形の対角線の長さである．東洋圏でも古くから知られていたし，和算家も当然知っていたであろう．しかし，和算家に「有理数」「無理数」という概念はあったのであろうか．自然数の比という利便性を別にして，有理数にこだわるべき動機があったのだろうか．古典ギリシア人にはそれがあり，それゆえ，無理数は数ではない数として，深刻な話題になったのではないだろうか[25]．

命題 2.4 の証明は予告してある通り背理法で行われる．$\sqrt{2}$ が無理数ではない，つまり，有理数であるとして，適当な自然数 p, q によって

$$\sqrt{2} = \frac{p}{q}$$

と表されたとしよう[26]．ここで，p, q に公約数があれば約してしまえばよいから，p, q には公約数はないとする．そこで，両辺を 2 乗すると，

$$2 = \frac{p^2}{q^2} \quad \text{すなわち} \quad p^2 = 2q^2$$

---

[25] 例えば，高野義郎『古代ギリシアの旅 — 創造の源をたずねて — 』（文献 [12]）参照．
[26] ことわるまでもなく，$p, q \geq 1$ である．古典ギリシア人には「0」の疑念はなかった．吉田洋一『零の発見』改版（文献 [18]）参照．

となり，特に，p は偶数，$p=2r$（r は自然数），とならなければならない[27]．したがって，

$$p^2 = (2r)^2 = 4r^2 = 2q^2 \quad \text{すなわち} \quad q^2 = 2r^2$$

となり，q も偶数でなければならないことになる．すなわち，p も q も偶数ということになり，公約数 2 を持つことになってしまい，当初の公約数がないとした想定とは両立しないのである．

この形の背理法が有効なのは，ある命題とその命題の否定とが両立することがない，双方が同時に正しいということがない，としているからである．したがって，ある命題について，その命題の否定が正しくないことを示せば，もとの命題が正しいことになるのである．

2.3　平面というものの指定

2.3.1　平らであるとはどういうことか（定理 2.2）

「平行線の公理」が古典ギリシアの時代から 19 世紀に至るまで西欧世界の数学者[28]の関心の的であったという話は聞かれたことがあるかも知れない．そして，「平行線の公理」を否定した「非ユークリッド幾何」というものが発見されたとか $\cdots\cdots$．

さて，注意 2.1.1 の内容は，次の命題が正しいことを意味している．

命題 2.5　「平行線の公理」がなりたつならば「原理 1」が成立する．

この命題の逆は正しいだろうか[29]．

問題 2.2　「原理 1」がなりたつならば「平行線の公理」がなりたつか．つまり，任意の三角形の内角の和が 2 直角であるとするならば，任意の直線に対して直線外の点を通り，この直線に平行な直線がちょうど 1 個あるということがなりたつだろうか．

直線 t と t の外の点 A を考える．任意の三角形の内角の和が 2 直角のとき，A を通り，t に平行な直線は少なくとも 1 個ある．実際，直線 t 上に，異なる 2 点 B, C をとり，三角形 ABC を作る．2 点 A, B を通る直線に関して，C と反対側に，点 P を角

---

[27] 奇数の 2 乗は奇数，偶数の 2 乗は偶数である．
[28] 数学に強い興味を抱いていた人という意味である．職業としての「数学者」が成り立つようになったのは，ここ 1 世紀余りではないだろうか．数学史上に名前を残している人たちも「本業」を探ると「数学」以外のことに活動の大半が割かれていた例が多い．あるいは，科学者，技術者ではあっても専門性は未分化であったとも言える．
[29] 以下の議論は，論拠として採用すべき「公理系」が明示されていないので，「穴」が開いている可能性がある．気をつけてください．

$CBA = $ 角 PAB となるようにとる．2点 P, A を通る直線は，(2.6) の $\Longrightarrow$ の主張により，直線 t と平行である．同様に，AC を通る直線に関して B と反対側に，点 Q を角 $BCA = $ 角 QAC となるようにとれば，点 Q, A を通る直線は，t と平行である．しかも，点 P, A, Q は，三角形の内角の和が2直角であることと，P, Q のとり方から，実は，同一の直線 — s としよう — の上にあるのである．

しかし，「平行線の公理」が仮定できないので，点 A を通り，直線 t とは交わらず，しかも，直線 s とは一致しないような直線の存在可能性はある．そこで，A を通り，角 BAP の内部にある任意の半直線 r を考える．上で存在の可能性に言及した直線は s と一致しない以上，角 BAP か角 CAQ かのいずれかの内部を通るのだから，このような想定でよいであろう．

半直線 r 上に点 P' を角 $PP'A = $ 角 $BAP' = \alpha$ となるようにとる．このとき，前に注意した (2.6) の $\Longrightarrow$ により，A, B を通る直線と P, P' を通る直線は平行になる．次に，A, B を通る直線上に点 A' を角 $AP'A' = $ 角 $PAP' = \beta$ となるようにとる．P', A' を通る直線は直線 s と平行になる．三角形 APP' と三角形 $AA'P'$ は合同であり，したがって，角 $APP' = $ 角 $P'A'A = \gamma$ である．三角形の内角の和が2直角なので，

$$\alpha + \beta + \gamma = 2\text{直角} \tag{2.7}$$

だから，R を直線 PP' の延長上の（任意の）点として，角 $A'P'R = \gamma$ である（図 2.4 参照）．

今度は，直線 PP' の延長上に点 P'' を角 $P'A'P'' = \beta$ となるようにとる．すると，

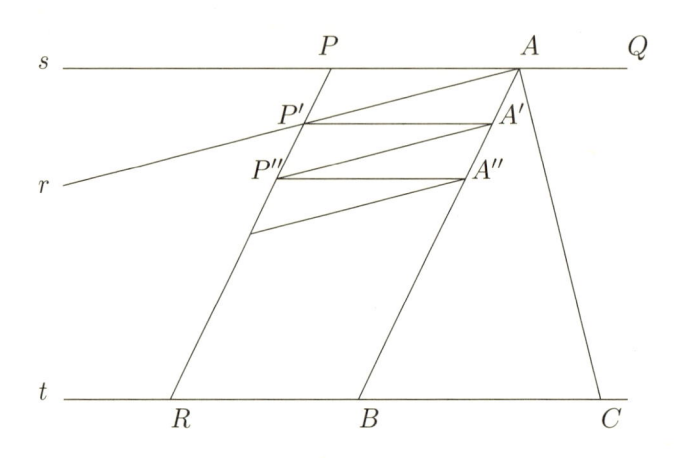

図 2.4: 平行線の公理と三角形の内角の和のための参考図

2.3. 平面というものの指定

(2.7) より，角 $P'P''A' = \alpha$ となり，三角形 $A'P'P''$ は三角形 $P'A'A$ と合同になる．また，角 $P''A'B = \alpha$ もわかる．直線 AA' の延長上に点 A'' を角 $A'P''A'' = \beta$ になるようにとれば，三角形 $P''A''A'$ は三角形 $A'P'P''$ とは合同になる．また，点 A', P'' を通る直線は r に平行であり，点 P'', A'' を通る直線は s に平行である（なぜか？）．

以上の操作を続けると，A, B を通る直線上に点 $A, A', A'', \cdots, A^{(N)}$ を，P, R を通る直線上に点 $P, P', P'', \cdots, P^{(N)}$ を，三角形 APP'，三角形 $P'A'A$，三角形 $A'P'P''$, $\cdots$，三角形 $P^{(N)}A^{(N)}A^{(N-1)}$ がすべて合同になるようにとることができる．特に，N を十分に大きくすると，$A^{(N)}$ を B に関して A と反対側にとることができる．

同様の操作を念頭に置きつつ，r 上に点 $P_2, P_3, \cdots, P_N$ を $AP' = P'P_2 = P_2P_3 = \cdots = P_{N-1}P_N$ となるようにとり，しかも，点 $P_N, A^{(N)}$ を通る直線が t に平行になるようにできる．このとき，点 A と点 P_N は直線 t に関して反対側にあり，したがって，A, P_N を通る r は t と交わらなければならない．

かくて，われわれは次の命題を得た．問題 2.2 は肯定的に解けたのである．

定理 2.2　「原理 1」がなりたてば，「平行線の公理」が成立する．

すべての三角形の内角の和が 2 直角であるということは，「平面」が文字通り平らであって，湾曲が全くないことを意味するのである（§2.3.2）．本節の標題のゆえんである．

和算は，ずいぶんと精緻な結果を得ていたようだが，このような原理的な論考とは無縁であったようである．「平行線の公理」自体が和算の関心の外にあったとは言え，**まっすぐとはどういうことか，平らであるとはどういうことか**，という問そのものが和算家には認識できなかったのであろう．細かい道具立てを組み合わせた細工という，数学としては具象的なものに関心が集中し，複雑さを競ったところもあったのかも知れない．もとより，こういうものだと思い込めば，その範囲での完成度の高さが実現されたのは，古典的な建造物に今も残る大工や左官の鉋かけや壁塗りの見事な滑らかさや緻密な木組みとも変わらなかっただろうが，これでは **世界が変革されうるものだという意識**が育たない — どんなに精緻な結果であっても，決められた枠内の話であれば，ブレークスルーとは縁遠かったのではないだろうか[30]．

2.3.2　曲率

最後に，三角形の内角の和が 2 直角にならない場合について簡単に触れておこう．このときは，「平行線の公理」は成立しないのは当然だけれど，そもそも，直線とは何か，

---

[30]誤解のないよう申し上げておくが，「職人」の「DNA」は「日本人」の財産である．例えば，田中英道『天平のミケランジェロ—公麻呂と芸術都市・奈良』(文献 [13]) を見られよ．柳亮『続黄金分割—日本の比例』(文献 [14]) も面白いかも知れぬ．

角とは何か，三角形とは何か，といった原理的な考察が先行しなければならない．そんなわけで，きちんとした話には全くならないことをお断りしておく[31]．

例えば，三角形が描かれている薄い膜を枠に張って後ろから空気を当てて膜を膨らませる[32]と，三角形も丸みを帯びて，どの角も広がる．このときは，この膨らんだ図形も三角形だと考えれば，内角の和は2直角を超えてしまう．典型的なのは（サッカーボールのような）球面である．この場合は，大円を直線と考えるのが適当で，三つの大円弧で作られる図形を「三角形」とし，大円弧の交点でそれぞれの弧に引いた接線のなす（平面内の）角を，この交点を頂点とする内角とすれば，内角の和は2直角より大きい．詳細はしかるべき書物をご覧いただきたい[33]．一方，膜がへこんでいくと膜の上の三角形も変形し，各辺が内側に曲がるので，頂点のところの角は細くなる．したがって，「三角形」の内角の和は2直角より小さい．このときは，与えられた「直線」の外の点を通る「平行線」が無数に引ける．このように，「三角形」の内角の和は，「面」の湾曲の様子を示す指標「曲率」として機能するのである[34]．

2.4 別の視点から

問題 2.1 には，ここまで述べてきたものとは別な，どちらかというと技術的な側面に重点を置いた扱い方もある．数理神篇に付されている図では31個の合同な円板が隣り合う2円板が接しつつ（数珠のような）輪をなしている．§2.1.1 では，円板の中心に着目して，それらを頂点とする31辺形の内角の和の議論から，問題 2.1 の解答を導いたのであった．その際，円板の個数31や，これらから出来上がった輪の形状自体は本質的ではなく，三角形の内角の和が鍵だったのである．

一方，このような円板の輪が取り囲む面積は円板の個数が同じでも中心の配置によっては変化する．面積が最大になるときの特徴を明らかにすることは問われてよいであろう．また，円板の個数を与えたときに，実際に，輪ができるのか．また，その場合，円板の中心を計算する手順を示すことにも関心が払われるべきであろう．

---

[31] 数学科で学べる．まあ，本もあるけれど・・・．
[32] 例えば，コップの口に透明なラップを張って三角形を描き，コップを温めればラップは膨らみ，冷やせばへこむから，三角形の形状の変化を観察できる．実際に試してみてください．
[33] 例えば，前原濶『円と球面の幾何学』（文献 [5]）を見よ．
[34] ただし，膜には裏表があるので，狭い範囲だけについて，素朴，粗雑に考えていると混乱してしまう．組織だった，ちゃんとした勉強が必要である．なお，「曲率」は数学的に明確に定義されているが，技術的水準の理由により，詳細は述べない．

2.4. 別の視点から

2.4.1 円板中心の条件

そこで，問題 2.1 の記述を，平面の直交座標によって翻訳しよう．半径 $r > 0$ の N 個の円板の中心 C_j は，xy-座標で (a_j, b_j) と与えられているとする．円板どうしが重ならないことは，

$$(a_j - a_k)^2 + (b_j - b_k)^2 \geq 4r^2, \quad j \neq k \quad (j, k = 1, \cdots, N) \tag{2.8}$$

と表される．隣り合う円板が接しつつ，全体として輪をなすことは，

$$a_{N+1} = a_1, \quad b_{N+1} = b_1 \tag{2.9}$$

を追加した上で，

$$(a_j - a_{j+1})^2 + (b_j - b_{j+1})^2 = 4r^2, \quad j = 1, \cdots, N \tag{2.10}$$

の成立を意味する．以上が，中心 $C_1, \cdots, C_N$ の満足すべき条件である．ここで，実は，$r = 1, a_1 = 0, b_1 = 0$ の場合を考察すれば十分である．

問 2.4.1 なぜ，$r = 1, a_1 = 0, b_1 = 0$ の場合で十分なのか．

上の整理のもとでは，新たな視点からの問題は，次のように表現できるであろう[35]．

問題 2.3 N を与える．このとき，(2.8)(2.9)(2.10) を満足する $a_j, b_j, j = 2, \cdots, N$ を求める手順を示せ．

問題 2.4 a_j, b_j を解いて得られた折れ線図形 $C_1 C_2 \cdots C_N$ を分類せよ（例えば，幾通りの可能性があるか．この図形が囲む面積はどう評価されるか）．

例 2.4.1 $N = 2$ の場合，2 辺形というものは存在しないものの，(2.8) (2.9) (2.10) を満たす解としては $a_2 = 2\cos\theta, b_2 = 2\sin\theta, 0 \leq \theta < 2\pi$ が得られる．つまり，(a_2, b_2) は，$(0,0)$ を中心とする半径 2 の円周上の任意の点を表すことになる．しかし，問題の意味を想起すると解は本来一通りなので，合理的な整理をさらに行わなければならない．$N = 3$ の場合は，$a_2 = 2\cos\theta_2, b_2 = 2\sin\theta_2$ および $a_3 = 2\cos\theta_3, b_3 = 2\sin\theta_3$ に加えて，

$$(\cos\theta_2 - \cos\theta_3)^2 + (\sin\theta_2 - \sin\theta_3)^2 = 1$$

---

[35]半径 1 の円板を多数用意して，平面上で，実際に —— 実験的に —— 図形を構成するという「機械的 (mechanical)」（あるいは，計算機上でなら画像シミュレーション的）な方法もある．しかし，図形そのものの内容の全体的な理解がこのような実験的な構成法だけで得られるだろうか —— 精度や厳密さは言うに及ばずだとしても．

を考慮して,
$$\cos(\theta_2 - \theta_3) = \frac{1}{2}, \quad \text{すなわち}, \quad \theta_3 = \theta_2 \pm \frac{\pi}{3}$$
を得るので
$$a_2 = 2\cos\theta_2, b_2 = 2\sin\theta_2,$$
$$a_3 = \cos\theta_2 \mp \sqrt{3}\sin\theta_2, b_3 = \pm\sqrt{3}\cos\theta_2 + \sin\theta_2$$
である.この場合も,点 $C_1(0,0)$ を中心とする(θ_2 だけの)回転(と直線 C_1C_2 を軸とする裏返し)による曖昧さがあるように見える.しかし,今の場合も,図形は本質的に一つであるべきだから,そのことを抜き出す合理的な考察を重ねる必要がある.

例 2.4.1 における注意を念頭に
$$a_2 = 2, \ b_2 = 0 \tag{2.11}$$
と標準化しよう.さらに,頂点の配置を(今日の数学者の習慣に従って)**反時計回り**[36]に指定しておこう.例 2.4.1,$N=3$ の場合なら,$a_3 = 1$, $b_3 = \sqrt{3}$ になる.

$N \geq 4$ とする.(2.9)(2.10) は,
$$\begin{aligned} a_1 = a_{N+1} = 0, a_2 = 2, \cdots, a_{j+1} = a_j + 2\cos\phi_j \\ b_1 = b_{N+1} = 0, b_2 = 0, \cdots, b_{j+1} = b_j + 2\sin\phi_j \end{aligned}, \quad (2 \leq j \leq N)$$
$$0 \leq \phi_2, \cdots, \phi_N < 2\pi$$
すなわち,$\phi_1 = 0$ として,
$$\begin{aligned} &a_1 = a_{N+1} = 0, \\ &b_1 = b_{N+1} = 0 \\ &a_j = 2\sum_{n=1}^{j-1} \cos\phi_n \qquad (2 \leq j \leq N+1) \\ &b_j = 2\sum_{n=1}^{j-1} \sin\phi_n \\ &0 \leq \phi_j < 2\pi \end{aligned} \tag{2.12}$$
の成立に帰着する.(2.8) は,したがって,
$$\left(\sum_{n=j}^{k} \cos\phi_n\right)^2 + \left(\sum_{n=j}^{k} \sin\phi_n\right)^2 \geq 1, \quad N \geq k > j \geq 2 \tag{2.13}$$

---

[36] つまり,アナログ式の時計における時針の回転方向とは逆向きである.

2.4. 別の視点から

$$\left(\sum_{n=1}^{j}\cos\phi_n\right)^2 + \left(\sum_{n=1}^{j}\sin\phi_n\right)^2 \geq 1, \quad N-1 \geq j \geq 2 \tag{2.14}$$

となる．これらは (2.12) に対する付帯条件である．

例 2.4.2 $N=4$ とする．ϕ_2, ϕ_3, ϕ_4 の満たすべき系として，(2.12) から

$$\begin{aligned}\cos\phi_2 + \cos\phi_3 + \cos\phi_4 &= -1 \\ \sin\phi_2 + \sin\phi_3 + \sin\phi_4 &= 0\end{aligned} \tag{2.15}$$

(2.13)(2.14) から

$$\begin{aligned}&\cos(\phi_2-\phi_3) \geq -\frac{1}{2},\ \cos(\phi_3-\phi_4) \geq -\frac{1}{2} \\ &\cos(\phi_2-\phi_3) + \cos(\phi_3-\phi_4) + \cos(\phi_4-\phi_2) \geq -1 \\ &\cos\phi_2 \geq -\frac{1}{2},\ \cos\phi_2 + \cos\phi_3 + \cos(\phi_2-\phi_3) \geq -1\end{aligned} \tag{2.16}$$

が得られる．(2.15) から，$\cos\phi_3 = \cos(\phi_4 - \phi_2)$ が従う[37]．ゆえに，

$$\cos\phi_2 + \cos\phi_4 = 0,\ \cos\phi_3 = -1$$

である[38]．(2.16) と組み合わせると $-\frac{1}{2} \leq \cos\phi_3 \leq \frac{1}{2}$ が得られる．

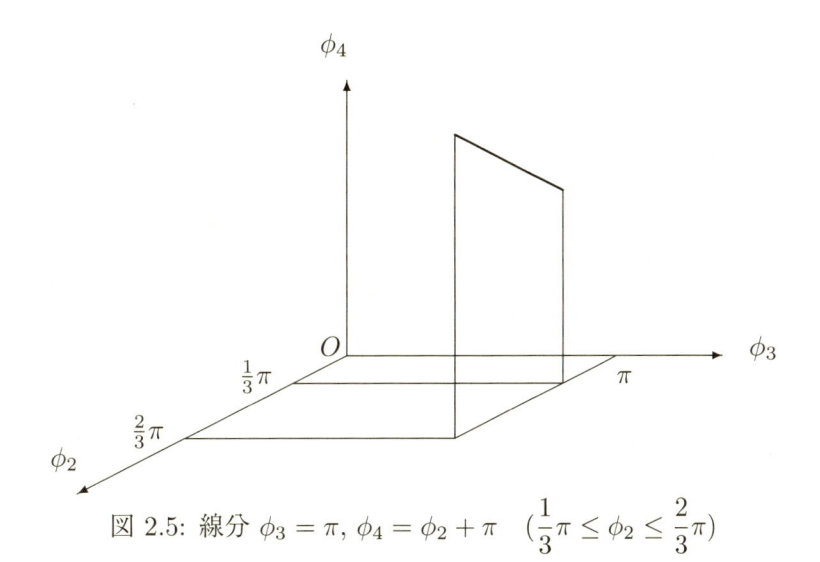

図 2.5: 線分 $\phi_3 = \pi, \phi_4 = \phi_2 + \pi \ \left(\frac{1}{3}\pi \leq \phi_2 \leq \frac{2}{3}\pi\right)$

---

[37] 問 2.4.2 参照．
[38] 問 2.4.3 を見よ．

結局，パラメータ t を指定するごとに

$$\phi_2 = t,\ \phi_3 = \pi,\ \phi_4 = t + \pi \quad (\frac{1}{3}\pi \leq t \leq \frac{2}{3}\pi)$$

となる（図 2.5）．すなわち，C_1, C_2, C_3, C_4 は 1 辺の長さ 2 の菱形の頂点をなすのである．この菱形の面積は

$$4\sin\phi_2,\quad \frac{1}{3}\pi \leq \phi_2 \leq \frac{2}{3}\pi$$

であり，その最大値は，$\phi_2 = \frac{1}{2}\pi$，すなわち，四辺形 $C_1C_2C_3C_4$ が正方形のときである．

問 2.4.2 (2.15) から

$$\cos(\phi_2 - \phi_3) = \cos\phi_4,\ \cos(\phi_4 - \phi_2) = \cos\phi_3,\ \cos(\phi_3 - \phi_4) = \cos\phi_2$$

を導け[39]．

問 2.4.3

$$\cos\varphi + \cos(\varphi - \psi) + \cos\psi = -1$$

を解け[40]．

2.4.2　数式処理ソフトで見る $N = 4$ の場合

上で検討した $N = 4$ の場合を数式処理ソフト Maple で記述してみよう．まず，$\phi_1 = 0$ とし，$\phi_2, \cdots, \phi_4$ ならびに中心の座標 (a_n, b_n) $(n = 1, \cdots, 4)$ をパラメータ t の関数として数式処理ソフトで書き表す（プログラムの詳細は明白であろう）．その成果を出力したものが以下である．すなわち，角 $\phi_1, \phi_2, \phi_3, \phi_4$ をデータとして，中心の座標成分 $a_n, \cdots, b_1, \cdots$ を計算したものである．

$$\phi_1(t) = 0,\ \phi_2(t) = t,\ \phi_3(t) = \pi,\ \phi_4(t) = t + \pi$$
$$a_1(t) = 0,\ a_2(t) = 2,\ a_3(t) = 2 + 2\cos(t),\ a_4(t) = 2\cos(t)$$
$$b_1(t) = 0,\ b_2(t) = 0,\ b_3(t) = 2\sin(t),\ b_4(t) = 2\sin(t)$$

---

[39]ヒント：例えば，(2.15) において $\cos\phi_4, \sin\phi_4$ を右辺に移してから両辺を 2 乗する．
[40]ヒント：$u = \cos\varphi,\ v = \cos\psi$ とおくと $\sin\varphi = \epsilon\sqrt{1 - u^2},\ \sin\psi = \delta\sqrt{1 - v^2}$ となる（$\epsilon^2 = \delta^2 = 1$）．ここで，$\varphi$ はギリシア文字ファイの異字体．§A.1 を見よ．方程式は

$$(1 + u)(1 + v) + \epsilon\delta\sqrt{1 - u^2}\sqrt{1 - v^2} = 0$$

に帰着し，結局，$\epsilon\delta = -1,\ u + v = 0$ が得られる．

2.4. 別の視点から

つぎに，中心の座標が (a,b) の単位円周を描くプロシデュア ucircle を示す．a, b を与え，点 $(a+\cos\theta, b+\sin\theta)$ が $\theta = 0$ から $\theta = 2\pi$ まで動くときの軌跡を描かせるものである．

$ucircle = (\mathbf{proc}(a, b)$
$\quad \mathbf{local}\, \theta;$
$\qquad \mathrm{plot}([a + \cos(\theta), b + \sin(\theta), \theta = 0..2*\pi], scaling = constrained,$
$\qquad xtickmarks = 3, ytickmarks = 3, thickness = 2)$
$\mathbf{end\ proc})$

プロシデュア ncircle は，ucircle とパラメータ t を含む（ n 番目の）中心の座標 $a_n(t), b_n(t)$ とを組み合わせて半径 1 の円を描くものである．

$ncircle = (\mathbf{proc}(n, t)\, ucircle(a_n(t), b_n(t))\, \mathbf{end\ proc})$

これらをまとめれば，隣り合う円板どうしが接するような 4 個の円板の連なりを生成するプロシデュア fourcircles が得られる．

$fourcircles = (\mathbf{proc}(t)$
$\quad \mathbf{local}\, d, n;$
$\qquad \mathbf{for}\, n\, \mathbf{to}\, 4\, \mathbf{do}\, d_n := \mathrm{ncircle}(n, t)\, \mathbf{end\ do};\ plots_{display}(d_1, d_2, d_3, d_4)$
$\mathbf{end\ proc})$

図 2.6 は，fourcircles の出力例である．

2.4.3　一般の場合を目指して

さて，（$N \geq 5$ のときも）問題 2.3 が帰着するのは，$\phi_1 = 0$ として，

$$\sum_{n=1}^{N} \cos\phi_n = 0, \quad \sum_{n=1}^{N} \sin\phi_n = 0 \tag{2.17}$$

を満たす $N-1$ 個の $0 \leq \phi_2, \phi_2, \cdots, \phi_N < 2\pi$ を $\frac{1}{2}(N-2)(N+1)$ 個の付帯条件 (2.13)(2.14) のもとで求めるための手続きを示すことである．例 2.4.2 では解はパラメータ t がとる値に応じて無数にあった．これから問題 2.4 の意義を見てとることができたであろう．

付帯条件の数はいかにも多い．また，必ずしも見易くはない．例えば，(2.13) の $k = j+1$ の場合は，

$$\cos(\phi_{j+1} - \phi_j) \geq -\frac{1}{2}, \quad j = 2, \cdots, N-1$$

図 2.6: $\phi_2 = t = \dfrac{3}{7}\pi$ のときの `fourcircles`(t) の出力例

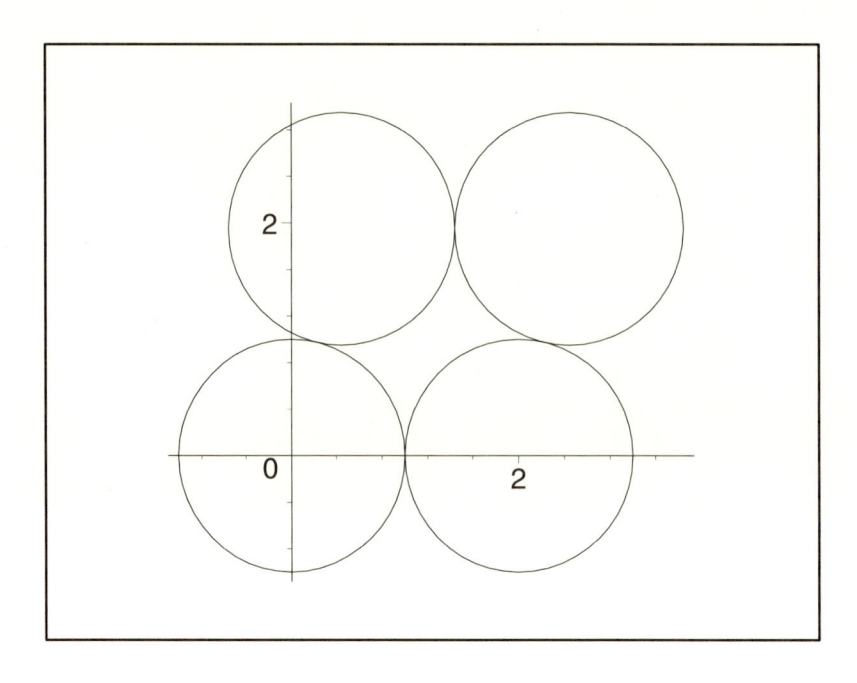

と同値である．また，$j=2, k=N$ の場合は (2.17) によって自明である．実は，

$$\sum_{j \leq n < m \leq k} \cos(\phi_m - \phi_n) \geq -\frac{k-j}{2}, \quad 2 \leq j < k \leq N \tag{2.18}$$

が (2.13) の書換えになる．一方，(2.14) の書換えは，

$$\sum_{n=2}^{j} \cos \phi_n + \sum_{2 \leq n < m \leq j} \cos(\phi_m - \phi_n) \geq -\frac{j-1}{2}, \quad 2 \leq j \leq N-1 \tag{2.19}$$

である．ただし，左辺第 2 項は $j=2$ のときは存在しない．

(2.17) は $N-1$ 個の変数に対する 2 個の方程式であり，付帯条件の有無を別にすれば，ともかく無数の解が存在する．例 2.4.2 の解が 1 個のパラメータ t に依存したように，一般的には，$N-3$ 個のパラメータに依存して，$\phi_2, \cdots, \phi_N$ が求まるものと期待される．実際，(2.17) から

$$\cos \phi_N = -\sum_{n=1}^{N-1} \cos \phi_n, \quad \sin \phi_N = -\sum_{n=1}^{N-1} \sin \phi_n$$

2.4. 別の視点から

だから，それぞれの両辺の 2 乗の和を作って ϕ_N を消去すると，

$$\left(\sum_{n=1}^{N-2} \cos\phi_n + \cos\phi_{N-1}\right)^2 + \left(\sum_{n=1}^{N-2} \sin\phi_n + \sin\phi_{N-1}\right)^2 = 1$$

あるいは，ϕ_{N-1} の取り出しに向いた表現をすると

$$\begin{aligned}&\left(\sum_{n=1}^{N-2} \cos\phi_n\right)^2 + \left(\sum_{n=1}^{N-2} \sin\phi_n\right)^2 \\ &+ 2\left(\sum_{n=1}^{N-2} \cos\phi_n\right)\cos\phi_{N-1} + 2\left(\sum_{n=1}^{N-2} \sin\phi_n\right)\sin\phi_{N-1} = 0\end{aligned} \tag{2.20}$$

となる．そこで，$\phi_1 = 0$ に注意しつつ，

$$\begin{aligned}\alpha_N &= \left(\sum_{n=1}^{N-2}\cos\phi_n\right)^2 + \left(\sum_{n=1}^{N-2}\sin\phi_n\right)^2 \\ \beta_N &= \frac{1}{2}\alpha_N\left(\sum_{n=1}^{N-2}\cos\phi_n\right) \\ \gamma_N &= \frac{1}{4}\alpha_N^2 - \left(\sum_{n=1}^{N-2}\sin\phi_n\right)^2\end{aligned} \tag{2.21}$$

とおくと，$X = \cos\phi_{N-1}$ が 2 次方程式

$$\alpha_N X^2 + 2\beta_N X + \gamma_N = 0 \tag{2.22}$$

を満たすべきことがわかる[41]．ここで，$\alpha_N, \beta_N, \gamma_N$ は，(2.21) から明らかなように，$\phi_2, \cdots, \phi_{N-2}$ の $N-3$ 個の変数に依存している．判別式は

$$\beta_N^2 - \alpha_N\gamma_N = \frac{1}{4}\alpha_N\left(4 - \alpha_N\right)\left(\sum_{n=1}^{N-2}\sin\phi_n\right)^2 \tag{2.23}$$

である．したがって，

$$\alpha_N \leq 4 \tag{2.24}$$

のもとで

$$\cos\phi_{N-1} \in \left\{-\frac{1}{2}\sum_{n=1}^{N-2}\cos\phi_n \pm \frac{1}{2}\sqrt{\frac{4-\alpha_N}{\alpha_N}}\sum_{n=1}^{N-2}\sin\phi_n\right\} \tag{2.25}$$

---

[41] (2.21) から明らかなように，$\alpha_N = 0$ とすれば，$\beta_N = \gamma_N = 0$ でもある．実は，(2.14) より，$\alpha_N \geq 1$ でなければならない．

となり,さらに,

$$\cos\phi_N \in \left\{-\frac{1}{2}\sum_{n=1}^{N-2}\cos\phi_n \mp \frac{1}{2}\sqrt{\frac{4-\alpha_N}{\alpha_N}}\sum_{n=1}^{N-2}\sin\phi_n\right\} \quad (2.26)$$

が得られる.ϕ_{N-1}, ϕ_N は,基本的に,変数 $\phi_2, \cdots, \phi_{N-2}$ の関数として求まるのであり,一方,付帯条件によって,これらの変数の定義域が決まっているはずなのである.

(2.24) は,事柄の性質上,当然成立していなければならない条件である.例えば,$N=4$ のときは

$$\alpha_4 = 2(1+\cos\phi_2) \leq 4, \quad \beta_4^2 - \alpha_4\gamma_4 = \sin^4\phi_2$$

である.しかし,一般には (2.24) は $\phi_2, \cdots, \phi_{N-2}$ の変域に制限を(付帯条件に重ねて)加える.

注意 2.4.1 $\alpha_N = 4$ のときは,(2.25) (2.26) より

$$\cos\phi_{N-1} = -\sum_{n=1}^{N-2}\cos\phi_n \quad \text{したがって} \quad \cos\phi_N = 0$$

がなりたつ.

例 2.4.3 $N=5$ とする.$\alpha_5 = 4$, すなわち,($\phi_1 = 0$ を考慮して)

$$(1+\cos\phi_2+\cos\phi_3)^2 + (\sin\phi_2+\sin\phi_3)^2 = 4 \quad (2.27)$$

の $0 \leq \phi_2 \leq 2\pi, 0 \leq \phi_3 \leq 2\pi$ における曲線弧を数学ソフト Maple で描いたものを示す(図 2.7)(周期性から,$-\pi \leq \phi_2 \leq \pi, -\pi \leq \phi_3 \leq \pi$ では閉曲線になる).点 $(\frac{2}{3}\pi, \frac{1}{3}\pi)$ および $(\frac{4}{3}\pi, \frac{5}{3}\pi)$ が曲線弧上にあることに注意していただきたい.実際,それぞれの点は,直線 $\phi_2 = \frac{2}{3}\pi$ および $\phi_2 = \frac{4}{3}\pi$ が曲線弧に接するときの接点である.

$\alpha_5 < 4$ の様子を視覚化するために,

$$f(\phi_2, \phi_3) = 4 - (1+\cos\phi_2+\cos\phi_3)^2 - (\sin\phi_2+\sin\phi_3)^2$$

のグラフと高さ 0 の平面との交差の様子を Maple で描いたものも併せて示そう(図 2.8).

注意 2.4.2 方程式 (2.27),つまり $\alpha_5 = 4$ は,変数 ϕ_2, ϕ_3 が独立には変動できず,一方が他方の関数になっていることを示すものである.まず,$t = \cos\phi_2, s = \cos\phi_3$ とおこう.t, s の定め方から

2.4. 別の視点から

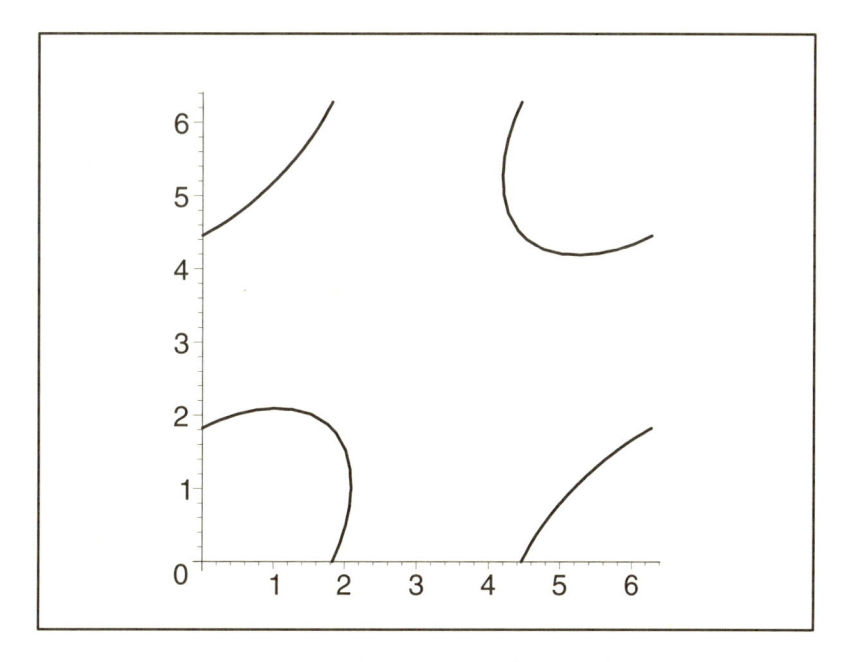

図 2.7: 曲線弧 $\alpha_5 = 4$ （例 2.4.3）

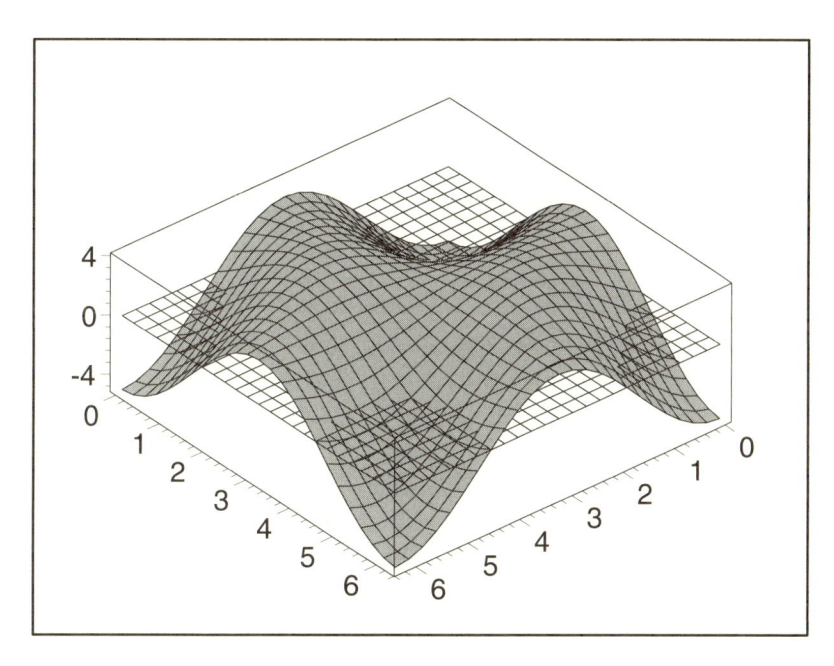

図 2.8: 曲面 $f(\phi_2, \phi_3) = 4 - \alpha_5$ のグラフと高さ 0 の水平面

$$-1 \leq t \leq 1, \quad -1 \leq s \leq 1 \tag{2.28}$$

である．一方，

$$\sin\phi_2 = \epsilon\sqrt{1-t^2},\ \sin\phi_3 = \delta\sqrt{1-s^2}, \quad (\epsilon^2 = \delta^2 = 1)$$

と表される[42]から，(2.27) は

$$(1+t+s)^2 + (\epsilon\sqrt{1-t^2} + \delta\sqrt{1-s^2})^2 = 4$$

すなわち

$$1 - 2t - 2s - 2ts - 2\epsilon\delta\sqrt{1-t^2}\sqrt{1-s^2} = 0 \tag{2.29}$$

となる．特に，$t > -1$ ならば，s は 2 次方程式

$$8(t+1)s^2 + 4(t+1)(2t-1)s + 8t^2 - 4t - 3 = 0$$

を満たす．s は実数であるべきだから，$-\frac{1}{2} \leq t \leq 1$ が必要[43]で，

$$s \in \{\chi_+(t), \chi_-(t)\}$$

である．ただし，

$$\chi_\pm(t) = -\frac{2t-1}{4} \pm \frac{\sqrt{(t+1)(t-1)(2t+1)(2t-7)}}{4(t+1)} \tag{2.30}$$

とする．ここで，(2.29) を満たすのは，$\epsilon\delta = 1$ のとき，

$$s = \chi_-(t), \quad -\frac{1}{2} \leq t \leq 1, \tag{2.31}$$

であり，他方，$\epsilon\delta = -1$ のときは，

$$s = \chi_+(t), \quad -\frac{1}{2} \leq t \leq 1 \tag{2.32}$$

である[44]．

---

[42] ϵ, δ は，それぞれ，$\pi - \phi_2, \pi - \phi_3$ の符号と一致する．
[43] この 2 次方程式の判別式は

$$4(t+1)^2(2t-1)^2 - 8(t+1)(8t^2 - 4t - 3) = 4(t-1)(t+1)(2t-7)(2t+1)$$

である．
[44] グラフから明らかなように，余弦関数 $y = \cos x$ は区間 $0 \leq x \leq \pi$ では，値を区間 $-1 \leq y \leq 1$ にとる単調減少関数である．特に，$-1 \leq s \leq 1$ に対し，$\cos\psi = s$ となるような ψ が区間 $0 \leq \psi \leq \pi$ にちょうど 1 個ある．この $0 \leq \psi \leq \pi$ は $-1 \leq s \leq 1$ の関数 $\psi = \psi(s)$ として定まっている．$\psi(s)$ は逆余弦関

2.4. 別の視点から

注意 2.4.2 を下敷きにして，$\alpha_5 = 4$ の場合の考察を続けよう．確かめるべきことは，適当な $t = \cos\phi_2$ の値に対応して，$\phi_2, \phi_3, \phi_4, \phi_5$ が (2.17)(2.13)(2.14) を満たすように定まるかである．(2.25)(2.26) から

$$\cos\phi_4 = \cos\phi_5 = -\frac{1}{2}(1 + \cos\phi_2 + \cos\phi_3)$$

となることに注意しよう．$s = \cos\phi_3$ とし，(2.30) を用いて，

$$\psi_\pm(t) = 1 + t + s = 1 + t + \chi_\pm(t) \tag{2.33}$$

とおくと，(2.31) ならば

$$\cos\phi_4 = \cos\phi_5 = -\frac{1}{2}\psi_-(t) \tag{2.34}$$

となるであろう．また，(2.32) ならば

$$\cos\phi_4 = \cos\phi_5 = -\frac{1}{2}\psi_+(t) \tag{2.35}$$

となるはずである．構成から，(2.17) の第 1 式は，式が意味を持つ限り，任意の t に対して成立することが期待されるが，しかし，第 2 式，すなわち，

$$\sin\phi_1 + \sin\phi_2 + \sin\phi_3 + \sin\phi_4 + \sin\phi_5 = 0 \tag{2.36}$$

はどうだろうか．たとえば，(2.31) の場合，$t = \cos\phi_2, 0 \leq \phi_2 \leq \pi$ とすると，$\sin\phi_2 = \sqrt{1-t^2}$，$\sin\phi_3 = \sqrt{1-\chi_-(t)^2}$ であり，さらに，

$$|\sin\phi_4| = |\sin\phi_5| = \sqrt{1 - \frac{1}{4}\psi_-(t)^2}$$

であるが，$\sin\phi_4, \sin\phi_5$ の符号を決めるためには，まず，付帯条件を考慮しなければならない[45]．これらについては次節で検討しよう．

数と呼ばれ，$\psi = \arccos s$ と書かれる（第 1 章脚注 10 でも言及した）．すなわち，

$$s = \cos\psi \in [-1, 1] \iff \psi = \arccos s \in [0, \pi]$$

である．特に，$-1 \leq \cos\phi_3 = s \leq 1$ の場合，$0 \leq \phi_3 \leq \pi$ ならば $\phi_3 = \arccos s$ であり，$\pi \leq \phi_3 \leq 2\pi$ ならば，$\phi_3 = 2\pi - \arccos s$ となる．したがって，(2.31) のときは，

$$\phi_2 = \arccos t \implies \phi_3 = \arccos s$$
$$\phi_2 = 2\pi - \arccos t \implies \phi_3 = 2\pi - \arccos s$$

である．また，(2.32) のときは，

$$\phi_2 = \arccos t \implies \phi_3 = 2\pi - \arccos s$$
$$\phi_2 = 2\pi - \arccos t \implies \phi_3 = \arccos s$$

である．

[45]実は，筆者は，Maple を利用しつつ，(2.36) をいくつかの想定のもとで検証してみた．(2.36) の成立だけでは望ましい位置関係にある 5 個の円板を得ることはできないのである．

問 2.4.4 $0 \leq \phi_2 \leq \pi$ の場合に，さらに，例えば，$\pi \leq \phi_4, \phi_5 \leq 2\pi$ とすると，(2.36) は，
$$F(t) = \sqrt{1-t^2} + \sqrt{1-\chi_-(t)^2} - \sqrt{4-\psi_-(t)^2} = 0$$
と表すことができることを確かめよ[46]．$F(t)$ は $-\frac{1}{2} \leq t \leq 1$ で意味を持つことを併せて検証せよ．

2.4.4 根号の整理について

(2.30) から察しが付くように，$\sqrt{1-\chi_-(t)^2}$ は根号の内部に根号を含む複雑な形をしている．しかし，例えば，
$$\begin{aligned} F_2(t) &= 1 - \chi_-(t)^2 \\ &= 1 - \left(\frac{t}{2} - \frac{1}{4} + \frac{1}{4(t+1)}\sqrt{(1-t)(1+t)(7-2t)(1+2t)}\right)^2 \end{aligned}$$
は，具体的な t の値に対しては
$$F_2\left(\frac{3}{4}\right) = \frac{1}{(8\sqrt{7})^2}\left(\sqrt{385}-1\right)^2, \quad F_2\left(\frac{4}{5}\right) = \frac{1}{20^2}\left(\sqrt{351}-1\right)^2, \quad \cdots$$
のように，比較的見やすい形をしている．一般の t の場合はどうだろうか．

やや形式化して，与えられた $A, B, C\,(C > 0)$ に対し，適当な X によって，
$$1 - \left(A + B\sqrt{C}\right)^2 = \frac{AB}{X}\left(1 - X\sqrt{C}\right)^2 \tag{2.37}$$
$$CX^2 - \frac{1 - A^2 - B^2 C}{AB}X + 1 = 0 \tag{2.38}$$
と表すことを考える．X は (2.38) から解けばよい．その際，$ABX > 0$ となるようなものを選ばなければならないし，X はできるだけ簡単な形のものであることが望ましい．

命題 2.6 $A, B \neq 0,\ C > 0$ とする．
$$1 - 2(A^2 + B^2 C) + (A^2 - B^2 C)^2 \geq 0, \quad 1 > A^2 + B^2 C \tag{2.39}$$
が満たされるならば，(2.37) が成り立つ．特に，
$$\sqrt{1 - \left(A + B\sqrt{C}\right)^2} = \sqrt{\frac{AB}{X}}\left|1 - X\sqrt{C}\right|$$
である．

---
[46] このような t が実際にあるかどうかを尋ねているわけではない．

2.4. 別の視点から

[証明]　(2.39) 前半は 2 次方程式 (2.38) が実数解を持つ条件である．(2.39) 後半は (2.38) の解の符号条件を与える．すなわち，(2.38) の解を X_1, X_2 とすると，

$$AB\, X_1 > 0, \quad AB\, X_2 > 0$$

である． [証明終]

注意 2.4.3　(2.39) を満たす A^2, B^2C に対し，$x = A^2 + B^2C$, $y = A^2 - B^2C$ とおくと，(2.39) は

$$1 - 2x + y^2 \geq 0, \quad 1 > x, \quad x + y > 0, \quad x > y$$

に変換される．したがって，(2.39) 後半の条件は $-1 < y < 1$ と同値でもある．実際，直線 $x = \pm y$ は放物線 $1 - 2x + y^2 = 0$ に $x = 1, y = \pm 1$ で接するが，この 2 直線と放物線に囲まれた領域で，$1 > x$ はすでに満たされている．図を描いていただきたい．

問 2.4.5　(2.38) の実数解 X_1, X_2 について

$$\frac{AB}{X_1}\left(1 - X_1\sqrt{C}\right)^2 = \frac{AB}{X_2}\left(1 - X_2\sqrt{C}\right)^2$$

の成立を確かめよ．

X_1, X_2 の計算のために，Maple のプロシデュア trial を用意した[47]．以下のプロシデュアは，A, B, C の代わりに a, b, c で書かれている．trial がしていることは，方程式 (2.38) の解を計算し，そのまま 2 個とも出力することである．

$trial := \mathbf{proc}(a, b, c)$
　$\mathbf{local}\ eq, sol, X;$
　　$eq := X/(a*b) - X*a/b - X*b*c/a - X^2*c - 1;\ sol := \mathrm{solve}(eq, X);\ [sol]$
　$\mathbf{end\ proc}$

計算例として，$A = a, B = b, C = c$ の場合と $A = a, B = b/s, C = s^2c$ の場合の形式的な出力を示す．

>　trial(a,b,c);

$$\left[\frac{1}{2}\frac{-a^2 - b^2c + 1 + \sqrt{a^4 - 2ca^2b^2 - 2a^2 + b^4c^2 - 2b^2c + 1}}{cab},\right.$$
$$\left.\frac{1}{2}\frac{-a^2 - b^2c + 1 - \sqrt{a^4 - 2ca^2b^2 - 2a^2 + b^4c^2 - 2b^2c + 1}}{cab}\right]$$

---

[47]本来ならば，(2.39) の判定も含ませるべきだが，ここは手を抜いてある．補うのは難しいことではない．

```
>  trial(a,b/s,s^2*c);
```

$$\left[\frac{1}{2}\frac{-a^2-b^2c+1+\sqrt{a^4-2ca^2b^2-2a^2+b^4c^2-2b^2c+1}}{cabs},\right.$$
$$\left.\frac{1}{2}\frac{-a^2-b^2c+1-\sqrt{a^4-2ca^2b^2-2a^2+b^4c^2-2b^2c+1}}{cabs}\right]$$

より具体的な例として

$$F_2\left(\frac{11}{12}\right) = 1 - \left(\frac{5}{24} + \frac{1}{39744}\sqrt{62835264}\right)^2$$

の場合を見よう．出力は

$$\mathrm{trial}\left(\frac{5}{24},\frac{1}{39744},62835264\right) = \left[\frac{5}{872712},\frac{1}{360}\right]$$

となる．したがって，(前者を使って)

$$F_2\left(\frac{11}{12}\right) = \frac{527}{576}\left(1 - \frac{5}{12121}\sqrt{12121}\right)^2 = \frac{1}{13248}\left(\sqrt{12121}-5\right)^2$$

である．大事なことは，同様にして，$F_2(t)$ そのものも扱えることである．すなわち，

$$\mathrm{trial}\left(-\frac{1}{2}t+\frac{1}{4},-\frac{1}{4+4t},(1-t)(1+t)(7-2t)(1+2t)\right) =$$
$$\left[-\frac{1}{(2t-1)(t-1)},-\frac{2t-1}{(-7+2t)(1+2t)(1+t)}\right]$$

である．第1の解を利用すると

$$F_2(t) = \frac{1}{16}\frac{(1-t)(2t-1)^2}{1+t}\left(1+\frac{\sqrt{(1-t)(1+t)(7-2t)(1+2t)}}{(2t-1)(t-1)}\right)^2$$

を得る．当然のことながら，プロシデュア trial をさらに延長して，(2.37) の左辺のデータを入力すると，右辺が出力されるようにしたい．つぎに示す resquare は，そのようなプロシデュア[48]の例である．

---

[48]データの最後の m は trial の m 番目の出力を利用するよう指示するためである．ただし，Maple では solve コマンドの出力順がセッションに依存する．

2.4. 別の視点から

$$
\begin{aligned}
&resquare := \mathbf{proc}(a,\,b,\,c,\,m) \\
&\quad \mathbf{local}\,X,\,P,\,Q; \\
&\quad\quad X := \mathrm{map}(factor,\,\mathrm{trial}(a,\,b,\,c))_m\,; \\
&\quad\quad P := \mathrm{factor}(a*b/X)\,; \\
&\quad\quad Q := (1 - X*\mathrm{sqrt}(c))^2\,; \\
&\quad\quad P*Q \\
&\mathbf{end\ proc}
\end{aligned}
$$

出力例として，上では示さなかった場合の $F_2(t)$ の表現を掲げる：

```
>    resquare(1/4-t/2,-1/(4+4*t),(1-t)*(1+t)*(7-2*t)*(1+2*t),2);
```

$$-\frac{1}{16}(1+2t)(2t-7)\left(1+\frac{(2t-1)\sqrt{(1-t)(1+t)(7-2t)(1+2t)}}{(2t-7)(1+2t)(1+t)}\right)^2$$

また，プロシデュア `resquare` を利用して

$$\begin{aligned}
F_3(t) &= 1 - \frac{1}{4}\psi_-(t)^2 \\
&= 1 - \frac{1}{4}\left(\frac{5}{4}+\frac{t}{2}-\frac{\sqrt{(1+t)(1-t)(7-2t)(1+2t)}}{4(t+1)}\right)^2
\end{aligned}$$

を処理すると，$F_3(t)$ の変形として

$$\frac{1}{64}\frac{(5+2t)^2(1-t)}{1+t}\left(1-\frac{\sqrt{(1-t)(1+t)(7-2t)(1+2t)}}{(5+2t)(t-1)}\right)^2$$

または

$$\frac{1}{64}(1+2t)(7-2t)\left(1-\frac{(5+2t)\sqrt{(1-t)(1+t)(7-2t)(1+2t)}}{(2t-7)(1+2t)(1+t)}\right)^2$$

が得られる．

問 2.4.6 問 2.4.4 の $F(t)$ は $-\frac{1}{2} \leq t \leq 1$ において $F(t) \equiv 0$ を満たすことを確かめよ[49]．

---

[49] 手計算できる．ただし，`resquare` による出力結果を利用してよい．

2.5 5個の円板からなる環

2.5.1 付帯条件：$N=5$ の場合

さて，$\alpha_5 = 4$ の場合，$\phi_2, \phi_3, \phi_4, \phi_5$ の最終的な確定には付帯条件の充足が必要である．ところで，$N=5$ のとき，付帯条件 (2.13) は 6 条件，(2.14) は 3 条件であり，併せて 9 条件[50]となる．(2.18) (2.19) の形に書き改めて羅列すれば，

$$\cos(\phi_2 - \phi_3) + \frac{1}{2} \geq 0 \tag{2.40}$$

$$\cos(\phi_2 - \phi_3) + \cos(\phi_2 - \phi_4) + \cos(\phi_3 - \phi_4) + 1 \geq 0 \tag{2.41}$$

$$\begin{aligned}\cos(\phi_2 - \phi_3) + \cos(\phi_2 - \phi_4) + \cos(\phi_2 - \phi_5) \\ + \cos(\phi_3 - \phi_4) + \cos(\phi_3 - \phi_5) + \cos(\phi_4 - \phi_5) + \frac{3}{2} \geq 0\end{aligned} \tag{2.42}$$

$$\cos(\phi_3 - \phi_4) + \frac{1}{2} \geq 0 \tag{2.43}$$

$$\cos(\phi_3 - \phi_4) + \cos(\phi_3 - \phi_5) + \cos(\phi_4 - \phi_5) + 1 \geq 0 \tag{2.44}$$

$$\cos(\phi_4 - \phi_5) + \frac{1}{2} \geq 0 \tag{2.45}$$

$$\cos\phi_2 + \frac{1}{2} \geq 0 \tag{2.46}$$

$$\cos\phi_2 + \cos\phi_3 + \cos(\phi_2 - \phi_3) + 1 \geq 0 \tag{2.47}$$

$$\begin{aligned}\cos\phi_2 + \cos\phi_3 + \cos\phi_4 \\ + \cos(\phi_2 - \phi_3) + \cos(\phi_2 - \phi_4) + \cos(\phi_3 - \phi_4) + \frac{3}{2} \geq 0\end{aligned} \tag{2.48}$$

となる．

命題 2.7 $\alpha_5 = 4$ が成立するのは，

$$\phi_1 = 0, \phi_2 = \frac{1}{3}\pi, \phi_3 = \frac{2}{3}\pi, \phi_4 = \phi_5 = \frac{4}{3}\pi \tag{2.49}$$

のときに限る[51]．図 2.9 を見よ．

---

[50]すなわち，それぞれ，$(j,k) = (2,3), (2,4), (2,5), (3,4), (3,5), (4,5)$，および $j = 2, 3, 4$ の場合である．
[51]ただし，円板の位置関係に関するわれわれの標準化のもとで．

2.5. 5個の円板からなる環

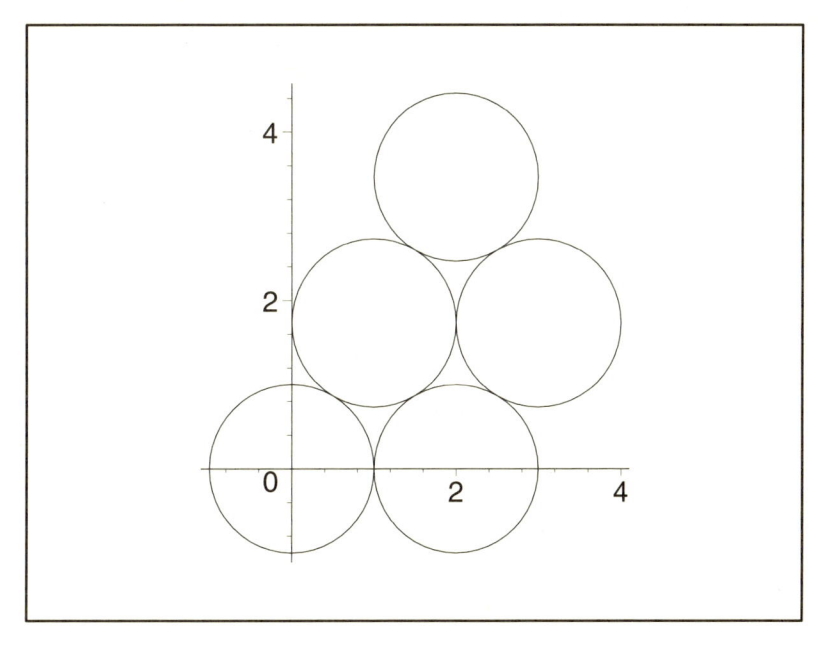

図 2.9: $\alpha_5 = 4$ (2.49) を満たす 5 円板

[証明] $\phi_2, \cdots, \phi_5$ がパラメータ t に依存しているとして，付帯条件と整合するパラメータ値を決めることにする．注意 2.4.2 とそれに引き続く議論から，今の場合，

$$\begin{aligned}
&\cos\phi_2(t) = t,\ \sin\phi_2(t) = \sqrt{1-t^2}, \\
&\cos\phi_3(t) = \chi_-(t),\ \sin\phi_3(t) = \sqrt{1-\chi_-(t)^2}, \\
&-\frac{1}{2} \le t \le 1
\end{aligned} \qquad (2.50)$$

となり，したがって，

$$\begin{aligned}
&\cos\phi_4(t) = \cos\phi_5(t) = -\frac{1}{2}\{1 + t + \chi_-(t)\} \\
&\sin\phi_4(t) = \sin\phi_5(t) = -\frac{1}{2}\{\sqrt{1-t^2} + \sqrt{1-\chi_-(t)^2}\}
\end{aligned} \qquad (2.51)$$

である．これより，三角関数の加法定理を援用しつつ，付帯条件との整合性を検証すればよい．実際，(2.41)(2.43) の両立性がもっとも厳しく，(2.49) のときだけが許容される[52]．　　　　　　　　　　　　　　　　　　　　　　　　　　　　　　[証明終]

---

[52]実際は，Maple によるグラフを利用した．説明の詳細は後述する．

注意 2.5.1　図 2.9 を左方に倒したような円板の配置が

$$\phi_1 = 0,\, \phi_2 = \phi_3 = \frac{2}{3}\pi,\, \phi_4 = \frac{4}{3}\pi,\, \phi_5 = \frac{5}{3}\pi$$

のときに得られる．しかし，このときは $\alpha_5 = 3$ である．

2 次方程式 (2.22) が，重複解（重根）でなくとも，実数値の解（実根）を持つならば，同様の考察ができるはずである．したがって，パラメータ κ, $1 \leq \kappa \leq 2$ が指定されているとして，$\alpha_5 = \kappa^2$ すなわち，方程式

$$(1 + \cos\phi_2 + \cos\phi_3)^2 + (\sin\phi_2 + \sin\phi_3)^2 = \kappa^2 \tag{2.52}$$

から，例えば，ϕ_3 は ϕ_2 の関数として定められるものと考えられるはずである．その上で，さらに，方程式 (2.22) を解けば，ϕ_4 が ϕ_2 の関数として得られ，(2.17) によって，ϕ_5 が ϕ_2 の関数として得られるに違いない．ただし，望ましい解としての $\phi_2, \phi_3, \phi_4, \phi_5$ が存在するような κ の値や ϕ_2 の変域を決定することが大切で，それは付帯条件の検討に帰着する．

注意 2.5.2　$\kappa = 1$ のときは (2.52) から

$$0 \leq \phi_2 < 2\pi,\, \phi_3 = \pi \tag{2.53}$$

$$\phi_2 = \pi,\, 0 \leq \phi_3 < 2\pi \tag{2.54}$$

$$\phi_3 = \begin{cases} \phi_2 + \pi, & 0 \leq \phi_2 < \pi \\ \phi_2 - \pi, & \pi \leq \phi_2 < 2\pi \end{cases} \tag{2.55}$$

のいずれかが導かれる．したがって，(2.22) は

$$X^2 + (\cos\psi)\,X + \left(\frac{1}{4} - \sin^2\psi\right) = 0$$

の形になる（それぞれ，(2.53) (2.54) (2.55) に応じて，$\psi = \phi_2, \phi_3, 0$ である）．$\psi = 0$ のときは，重複解 $X = \cos\phi_4 = -\frac{1}{2}$ が従い，さらに，$\cos\phi_5 = -\frac{1}{2}$ となる．一般の場合には，解は

$$X = \cos\phi_4 = -\frac{1}{2}\cos\psi \pm \frac{\sqrt{3}}{2}\sin\psi = \cos\left(\pi \pm \frac{1}{3}\pi + \psi\right)$$

となる．これから，さらに，

$$\cos\phi_5 = -\frac{1}{2}\cos\psi \mp \frac{\sqrt{3}}{2}\sin\psi$$

が得られる．特に，(2.54) のとき，中心 C_3 の座標が $(0,0)$ となり，C_1 と一致することが容易に検証できる．また，(2.55) のとき，中心 C_4 が C_2 と一致することも簡単にわかる．したがって，これらの場合は排除しなければならない．一方，(2.53) に対しても，ϕ_2 の許容範囲を付帯条件によって決定しなければならない．

2.5. 5個の円板からなる環

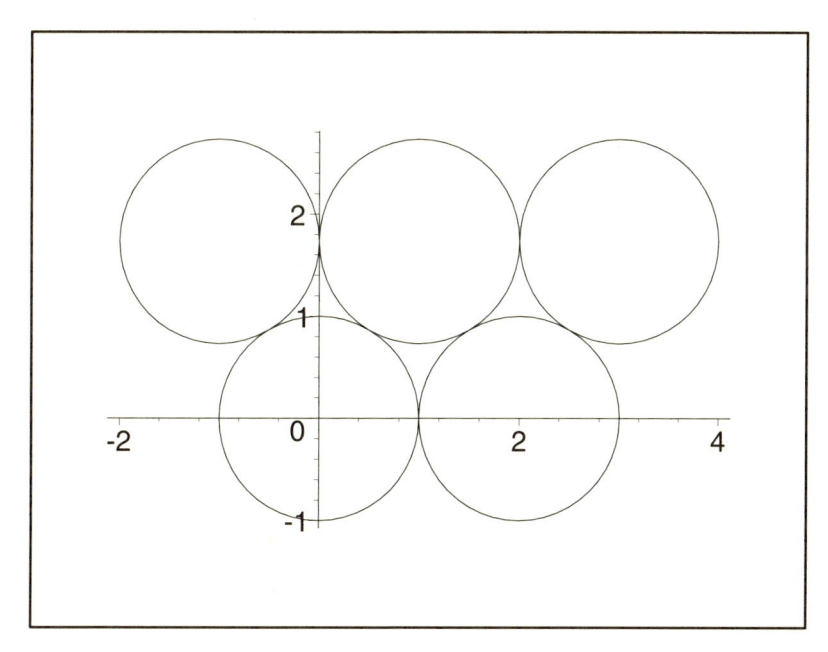

図2.10: $\phi_2 = \dfrac{1}{3}\pi$ の場合（命題2.8）

命題 2.8 $\alpha_5 = 1$ が成立するのは

$$\phi_1 = 0, \frac{1}{3}\pi \leq \phi_2 \leq \frac{2}{3}\pi, \phi_3 = \pi, \phi_4 = \frac{2}{3}\pi + \phi_2, \phi_5 = \frac{4}{3}\pi + \phi_2 \qquad (2.56)$$

のときである[53]．図2.10〜2.14を見よ．

実際，付帯条件 (2.42)(2.45)(2.47)(2.48) は自明になる．命題2.7 の場合に比べての利点は，調べるべきものが三角関数そのものになることである．(2.40)(2.46) から ϕ_2 の変動範囲の最小のものが得られる．

問 2.5.1 (2.42)(2.45)(2.47)(2.48) が，いずれも不等号を等号として，恒等的に成立することを確かめよ[54]．

2.5.2 数式処理ソフトによる付帯条件の検証

付帯条件 (2.40) 〜 (2.48) は，余弦関数しか含んではいない．しかし，命題2.7 や命題2.8 の証明では $\phi_1(t), \phi_2(t), \cdots$ 以下の関数との合成関数の形で判定に用いられる．

---

[53]命題2.7 と同様の標準化のもとで．なお，図は後述の `fivecenters` (§2.5.4) による．
[54]三角関数の加法定理の応用である．

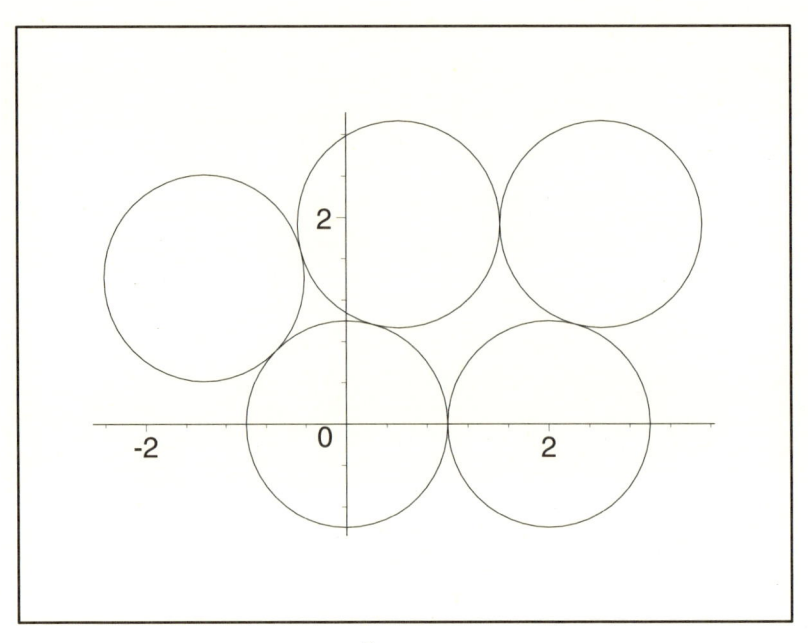

図 2.11: $\phi_2 = \dfrac{5}{12}\pi$ の場合（命題 2.8）

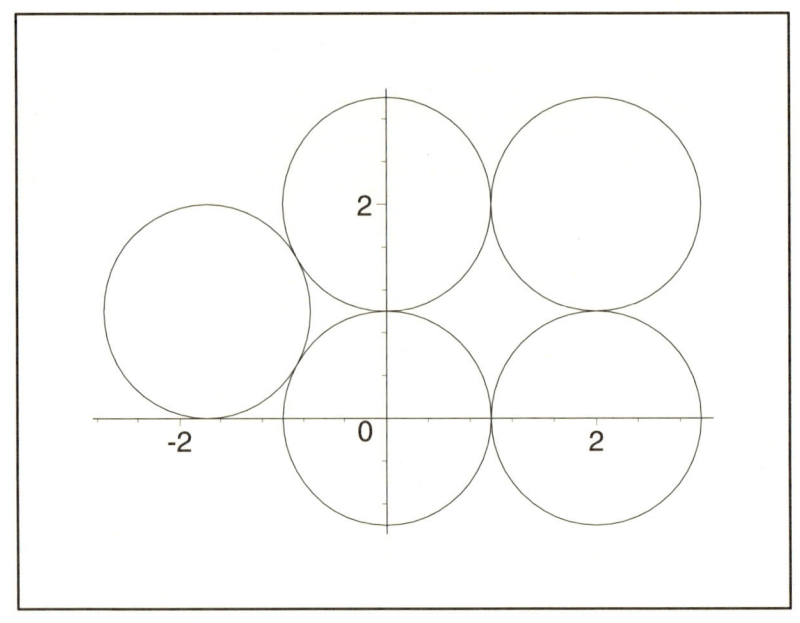

図 2.12: $\phi_2 = \dfrac{1}{2}\pi$ の場合（命題 2.8）

2.5. 5個の円板からなる環

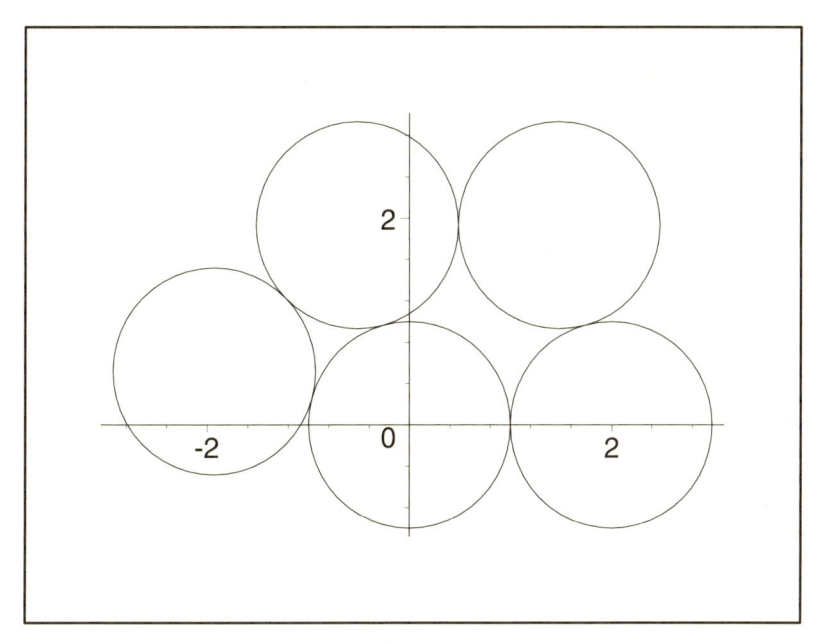

図 2.13: $\phi_2 = \dfrac{7}{12}\pi$ の場合（命題 2.8）

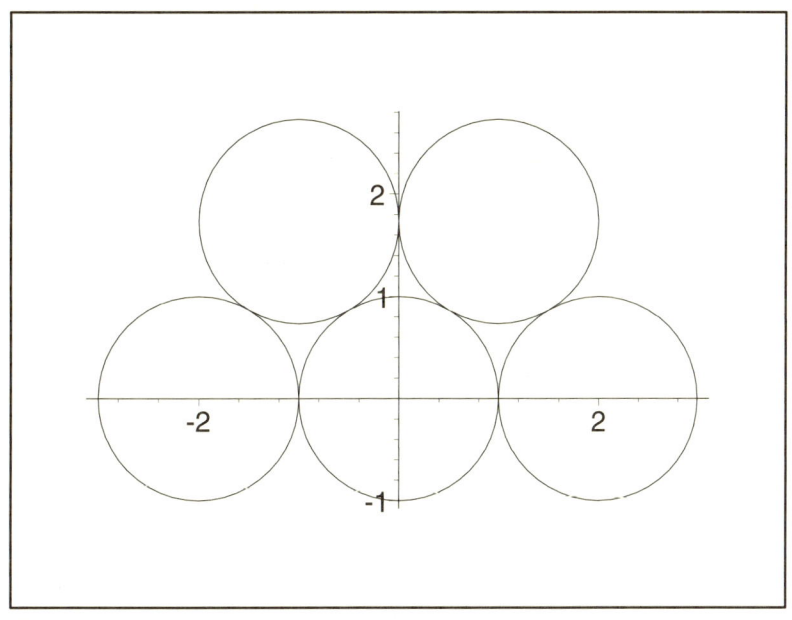

図 2.14: $\phi_2 = \dfrac{2}{3}\pi$ の場合（命題 2.8）

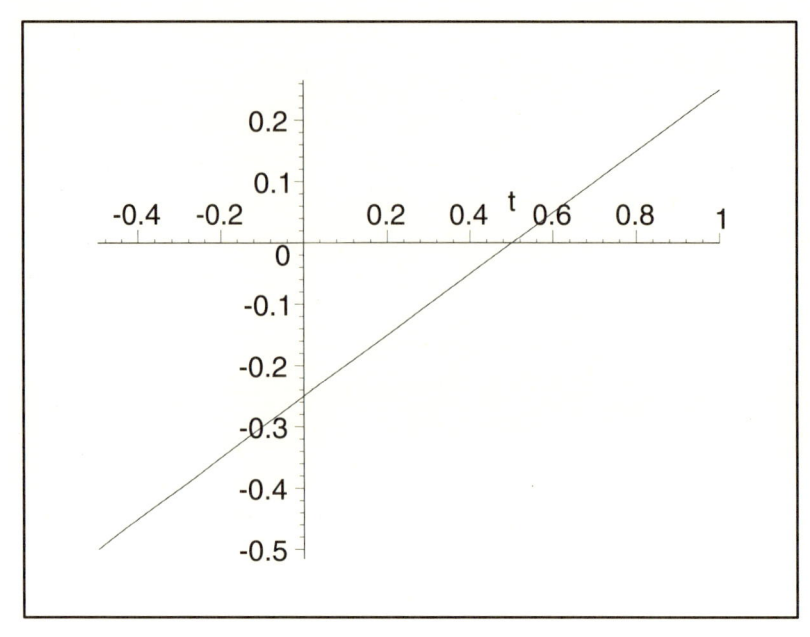

図 2.15: d2(ϕ_3, ϕ_4, -0.5, 1)

最終的には丹念な考察による確認は欠かせないが，まず，数値的にグラフを描いて見当をつけることを考えるのは自然であろう．

ところで，例えば，(2.40)(2.43)(2.46) は基本的に同じ形，すなわち，関数の対 $f_1(t)$, $f_2(t)$ に対して $\cos(f_1(t) - f_2(t)) + \frac{1}{2} \geq 0$ の形である．実際は，この不等式が成り立つような t の値を確認し，あるいは，そのような区間 $a \leq t \leq b$ を特定したいのである．それを $u = \cos(f_1(t) - f_2(t)) + \frac{1}{2}$ のグラフと $u = 0$ のグラフとを計算機上に描かせることによって実行できるのではないか，というわけである．つぎに示すのは，この目的のためのプロシデュア d2 である[55]．

$$d2 := \mathbf{proc}(f1, f2, a, b)$$
$$\quad \text{plot}([\cos(f1(t) - f2(t)) + 1/2, 0], t = a..b, color = navy)$$
$$\mathbf{end\ proc}$$

(f_1, f_2) をそれぞれ (ϕ_1, ϕ_2), (ϕ_2, ϕ_3), (ϕ_3, ϕ_4), (ϕ_4, ϕ_5) としてグラフを描かせる．命題 2.7 の (2.43) に対応するのは d2(ϕ_3, ϕ_4, -0.5, 1) である．図 2.15 が示唆するのは，(2.43) の成立条件が $t \geq \frac{1}{2}$ であることである．実際，つぎの問に見るように，問題

---

[55]色指定 color=navy はもちろん本質的ではない．

2.5. 5個の円板からなる環

の関数は著しく簡易化されるのではあるが，そのためにグラフが励みになることは間違いあるまい．

問 2.5.2 命題 2.7 の証明中の $\phi_3(t), \phi_4(t)$ について，
$$\cos(\phi_3(t) - \phi_4(t)) + \frac{1}{2} = \frac{1}{2}t - \frac{1}{4}, \quad \frac{1}{2} \leq t \leq 1$$
が成り立つことを確かめよ[56]．

また，(2.41) (2.44) (2.47) は基本的に同じ形である．関数の三つ組 $(f_1(t), f_2(t), f_3(t))$ に対して
$$\cos(f_1(t) - f_2(t)) + \cos(f_2(t) - f_3(t)) + \cos(f_3(t) - f_1(t)) + 1 \geq 0$$
の形である．関数の対の場合と同様に，この左辺の関数のグラフを計算機に描かせることによって，この不等式が成立するような区間を特定するための示唆を得たい．この目的のためのプロシデュア d3 を次に示す．

$d3 :=$ **proc**($f1, f2, f3, a, b$)
  plot($[\cos(f1(t) - f2(t)) + \cos(f1(t) - f3(t)) + \cos(f2(t) - f3(t)) + 1, 0], t = a..b,$
  $color = brown$)
end proc

命題 2.7 の証明で言及した (2.41) は d3($\phi_2, \phi_3, \phi_4, -0.5, 1$) に相当する．図 2.16 として出力を示そう．したがって，$t \leq \frac{1}{2}$ が (2.41) の成立のための条件であることがわかる．

問 2.5.3 (2.50) (2.51) のもとで
$$\cos(\phi_2(t) - \phi_3(t)) + \cos(\phi_3(t) - \phi_4(t)) + \cos(\phi_4(t) - \phi_2(t)) + 1$$
$$= -\frac{1}{4} + \frac{\sqrt{(1-t)(1+t)(7-2t)(1+2t)}}{8(t+1)}$$

となることを示せ $(-\frac{1}{2} \leq t \leq 1)$．特に，図 2.16 と比較せよ．

---
[56] §2.4.4 の記述に留意しつつ，加法定理
$$\cos(\phi_3(t) - \phi_4(t)) = \cos\phi_3(t)\cos\phi_4(t) + \sin\phi_3(t)\sin\phi_4(t)$$
を使え．右辺の各項は (2.50) (2.51) に現れている．また，
$$\sqrt{(1-t)(1+t)(7-2t)(1+2t)} \geq (1-t)(2t-1), \quad \frac{1}{2} \leq t \leq 1$$
に注意せよ．

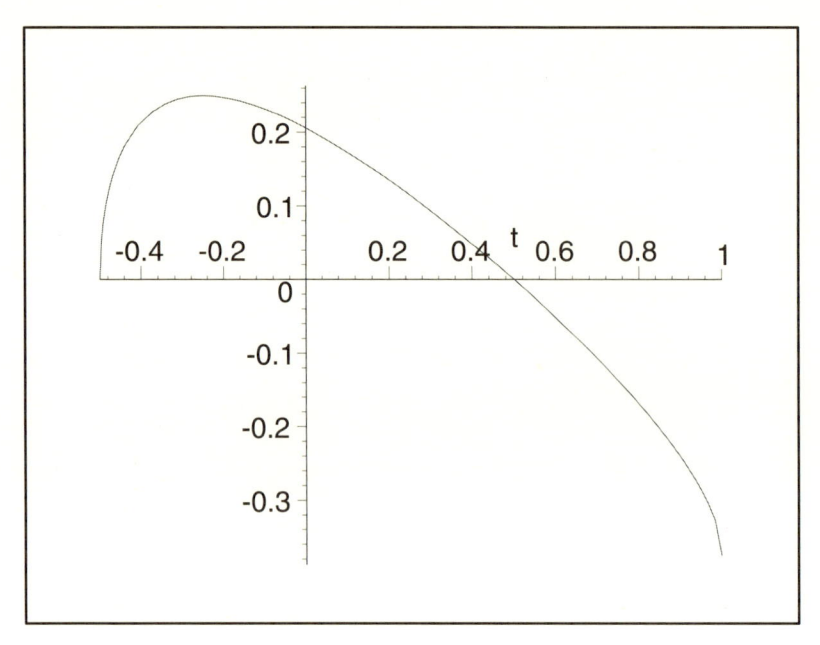

図 2.16: d3($\phi_2, \phi_3, \phi_4, -0.5, 1$)

同様のプロシデュアは関数の四つ組 (f_1, f_2, f_3, f_4) が与えられたときに

$$u(t) = \cos(f_1(t) - f_2(t)) + \cos(f_1(t) - f_3(t)) + \cos(f_1(t) - f_4(t))$$
$$+ \cos(f_2(t) - f_3(t)) + \cos(f_2(t) - f_4(t))$$
$$+ \cos(f_3(t) - f_4(t)) + \frac{3}{2}$$

のグラフを描かせる場合にも作れる．次に掲げる d4 はそのような一例である．

$d4 := \textbf{proc}(f1, f2, f3, f4, a, b)$
  $\text{plot}([\cos(f1(t) - f2(t)) + \cos(f1(t) - f3(t)) + \cos(f1(t) - f4(t))$
  $+ \cos(f2(t) - f3(t)) + \cos(f2(t) - f4(t))$
  $+ \cos(f3(t) - f4(t)) + 3/2, 0], t = a..b, color = red)$
end proc

付帯条件 (2.40)〜(2.48) の検証は，少なくとも画像的には 9 個のプロシデュア

d2(ϕ_1, ϕ_2, a, b), d2(ϕ_2, ϕ_3, a, b), d2(ϕ_3, ϕ_4, a, b), d2(ϕ_4, ϕ_5, a, b),

d3($\phi_1, \phi_2, \phi_3, a, b$), d3($\phi_2, \phi_3, \phi_4, a, b$), d3($\phi_3, \phi_4, \phi_5, a, b$),

d4($\phi_1, \phi_2, \phi_3, \phi_4, a, b$), d4($\phi_2, \phi_3, \phi_4, \phi_5, a, b$),

2.5. 5個の円板からなる環

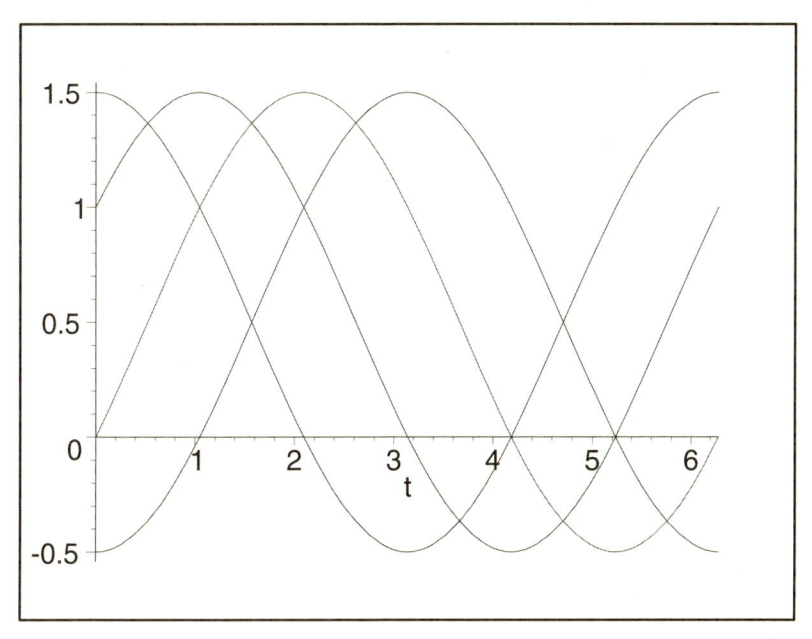

図 2.17: 付帯条件の画像化：命題 2.8 の場合

を実行して，同時に出力してみると，相当の知見が得られるはずである．命題 2.8 の場合の例を図 2.17 として掲げる（$a = 0, b = 2\pi$）．$\frac{1}{3}\pi \leq t(= \phi_2) \leq \frac{2}{3}\pi$ に相当する区間ではすべての曲線が非負になっていることが見てとれるであろう．

注意 2.5.3 数学ソフトを用いて画像化することは付帯条件の処理の完了を意味するわけでは決してないが，数学的な解の適切な示唆としては非常に有効である．いわば試行的な調査に基づいて，数学的に「厳密な」解の探索が容易になることを期待するのである．

2.5.3　$N = 5$ の場合の完成（定理 2.3）

$\alpha_5 = 4$ および $\alpha_5 = 1$ の場合はすでに調べた．一般の $\alpha_5 = \kappa^2, 1 < \kappa < 2$ の場合はどうだろうか．まず，α_5 の定義から，$\cos\phi_2 = t, \cos\phi_3 = s$ とおくと，$\phi_1 = 0$ としてあったから，

$$(1 + t + s)^2 + (\sqrt{1-t^2} + \epsilon\sqrt{1-s^2})^2 = \kappa^2 \tag{2.57}$$

すなわち

$$3 - \kappa^2 + 2t + 2s + 2ts + 2\epsilon\sqrt{1-t^2}\sqrt{1-s^2} = 0 \quad \epsilon^2 = 1 \tag{2.58}$$

である．ここで，$-1 \leq t \leq 1, -1 \leq s \leq 1$ でなければならない．円板の中心の配列に対する要請から，さらに，$0 \leq \phi_2 < \pi$ であるべきことに注意しよう[57]．(2.58) を満たす t, s は，

$$8(t+1)s^2 + 4(t+1)(2t-\kappa^2+3)s \\ + 8t^2 + 4(3-\kappa^2)t + \kappa^4 - 6\kappa^2 + 5 = 0 \tag{2.59}$$

をも満たす．

問 2.5.4 (2.59) の左辺は

$$(\kappa^2-1)^2 - 4(t+1)(s+1)(\kappa^2-1) + 8(t+1)(s+1)(t+s)$$

と書き表されることを示せ．

問 2.5.5 (2.59) を満たす s が実数 ($\neq -1$) であるための条件は

$$\delta(t,\kappa) = (t-1)(t+1)\left(t - \frac{(\kappa-1)^2}{2} + 1\right)\left(t - \frac{(\kappa+1)^2}{2} + 1\right) \geq 0$$

であることを示せ．特に，

$$(-1 \leq) \frac{(\kappa-1)^2}{2} - 1 \leq t \leq 1 \left(\leq \frac{(\kappa+1)^2}{2} - 1\right)$$

において，$\delta(t,\kappa) \geq 0$ である．

したがって，まず，t, s が絶対値 1 以下の実数であるための条件が

$$\frac{(\kappa-1)^2}{2} - 1 \leq t, s \leq 1, \quad 1 \leq \kappa \leq 2$$

であることがわかる[58]．特に，t をこの範囲にとるとき，$s = \chi_\pm(t,\kappa)$，ただし，

$$\chi_\pm(t,\kappa) = -\frac{2t-\kappa^2+3}{4} \pm \frac{\sqrt{\delta(t,\kappa)}}{2(t+1)} \tag{2.60}$$

は，(2.59) の解になる．(2.59) を満たす ts-平面の曲線群を図 2.18 に示す．

問 2.5.6 $\frac{1}{2}(\kappa-1)^2 - 1 \leq t \leq 1, 1 \leq \kappa \leq 2$ において

$$1 - \chi_\pm(t,\kappa)^2 = \frac{1}{16}\frac{1}{1-t^2}\left(2\sqrt{\delta(t,\kappa)} \mp (2t-\kappa^2+3)(t-1)\right)^2$$

---
[57] それゆえ，$\sin\phi_2 = \sqrt{1-t^2}$ である．なお，$\sin\phi_3 = \epsilon\sqrt{1-s^2}$ としている．
[58] $s = -1$ または $t = -1$ のときは，(2.59) の成立と $\kappa^2 = 1$ とは同値になる．

2.5. 5個の円板からなる環

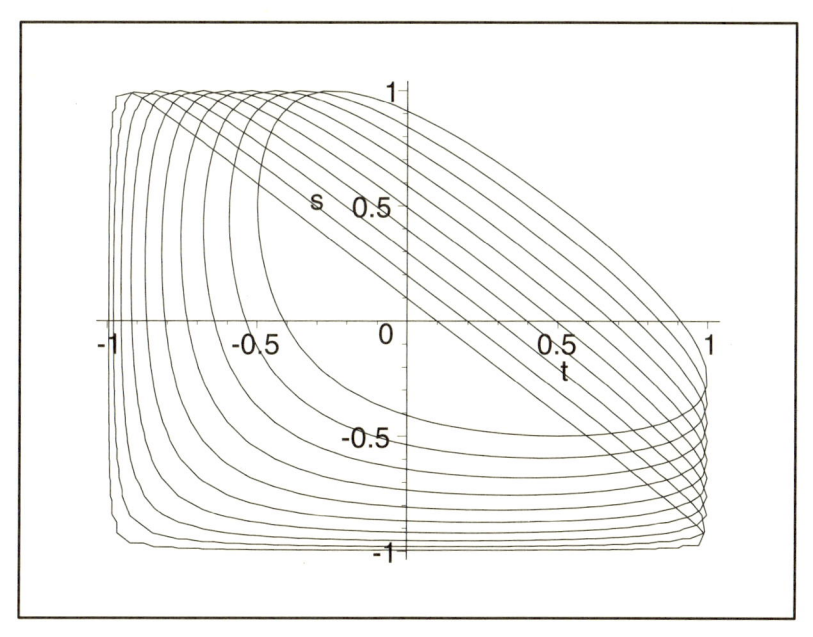

図 2.18: (2.59) の曲線群：$\kappa = 1.1 \sim 2.0$

となることを確かめよ．また，

$$2\sqrt{\delta(t,\kappa)} \begin{cases} \leq (2t - \kappa^2 + 3)(t-1), & \dfrac{1}{2}(\kappa-1)^2 - 1 \leq t \leq \dfrac{1}{4}\kappa^2 - \dfrac{5}{4} \\[2mm] \geq (2t - \kappa^2 + 3)(t-1), & \dfrac{1}{4}\kappa^2 - \dfrac{5}{4} \leq t \leq 1 \end{cases}$$

および

$$2\sqrt{\delta(t,\kappa)} \geq -(2t - \kappa^2 + 3)(t-1), \quad \dfrac{1}{2}(\kappa-1)^2 - 1 \leq t \leq 1$$

となることを示せ[59]．

補題 2.5.1 (2.58) の解は，$\epsilon = 1$ のとき，

$$s = \chi_-(t, \kappa), \quad \dfrac{(\kappa-1)^2}{2} - 1 \leq t \leq 1$$

であり，$\epsilon = -1$ のときは

$$s = \chi_+(t, \kappa), \quad \dfrac{1}{4}\kappa^2 - \dfrac{5}{4} \leq t \leq 1$$

である．

---
[59] $4\delta(t,\kappa) - (2t - \kappa^2 + 3)^2 (t-1)^2$ を因数分解する．$(2t - \kappa^2 + 3)(t-1)$ の符号と $\dfrac{1}{4}\kappa^2 - \dfrac{5}{4} \leq \dfrac{1}{2}\kappa^2 - \dfrac{3}{2}$ に注意せよ．

[証明] 注意を要することは

$$1 = \chi_+(t,\kappa)^2 \iff t = \frac{1}{4}\kappa^2 - \frac{5}{4}$$

の成立である．問 2.5.6 を利用して証明を完成せよ． [証明終]

注意 2.5.4 やや雑な表現では

$$\cos\phi_3 = \chi_\pm(t,\kappa) \implies \sin\phi_3 = \mp\sqrt{1-\chi_\pm(t,\kappa)^2}$$

となる．

さて，以上より，κ を固定するごとに，$\cos\phi_2, \cos\phi_3$，したがって，$\sin\phi_2, \sin\phi_3$ を t の関数として表す手立ては揃った．そこで，関係する付帯条件 (2.40)(2.46)(2.47) の検証を試みることはできる．(2.46)(2.40)(2.47) から，それぞれ

$$\cos\phi_2 + \frac{1}{2} = t + \frac{1}{2} \geq 0 \tag{2.61}$$

$$\cos(\phi_2 - \phi_3) + \frac{1}{2} = t\chi_\pm(t,\kappa) \mp \sqrt{1-t^2}\sqrt{1-\chi_\pm(t,\kappa)^2} + \frac{1}{2} \geq 0 \tag{2.62}$$

$$\begin{aligned}&\cos\phi_2 + \cos\phi_3 + \cos(\phi_2-\phi_3) + 1 \\&= t + \chi_\pm(t,\kappa) + t\chi_\pm(t,\kappa) \mp \sqrt{1-t^2}\sqrt{1-\chi_\pm(t,\kappa)^2} + 1 \geq 0\end{aligned} \tag{2.63}$$

が成り立たなければならない．(2.63) は補題 2.5.1 と (2.58) から，$\kappa^2 - 1 \geq 0$ に他ならない．(2.62) は，(2.58) により，

$$\frac{1}{2}\kappa^2 - 1 \geq t + \chi_\pm(t,\kappa) \tag{2.64}$$

と同値である．

問 2.5.7 $1 \leq \kappa \leq 2$ に対し，

$$t_\pm^*(\kappa) = -\frac{1}{2} + \frac{1}{4}\kappa^2 \pm \frac{1}{4}\sqrt{12\kappa^2 - 3\kappa^4}$$

とおく．$\kappa > \sqrt{3}$ ならば常に $\frac{1}{2}\kappa^2 - 1 > t + \chi_-(t,\kappa)$ である．$\kappa \leq \sqrt{3}$ ならば，

$$\frac{1}{2}\kappa^2 - 1 - t - \chi_-(t,\kappa) \begin{cases} < 0, & t > t_+^*(\kappa) \\ = 0, & t = t_+^*(\kappa) \\ > 0, & t < t_+^*(\kappa) \end{cases}$$

2.5. 5個の円板からなる環

が成り立つ．一方，$\kappa < \sqrt{3}$ ならば，

$$\frac{1}{2}\kappa^2 - 1 - t - \chi_+(t,\kappa) \begin{cases} > 0, & t < t_-^*(\kappa) \\ = 0, & t = t_-^*(\kappa) \\ < 0, & t > t_-^*(\kappa) \end{cases}$$

が成り立つ．さらに，$\kappa \geq \sqrt{3}$ のときは

$$\frac{1}{2}\kappa^2 - 1 - t - \chi_+(t,\kappa) \begin{cases} > 0, & t < t_-^*(\kappa) \text{ または } t > t_+^*(\kappa) \\ = 0, & t = t_-^*(\kappa) \text{ または } t = t_+^*(\kappa) \\ < 0, & t_-^*(\kappa) < t < t_+^*(\kappa) \end{cases}$$

である[60]．

問 2.5.8 次式を確かめよ：

$$\max\left(t_-^*(\kappa), -\frac{1}{2}\right) = \begin{cases} -\dfrac{1}{2}, & 1 \leq k \leq \sqrt{3} \\ t_-^*(\kappa), & \sqrt{3} \leq k \leq 2 \end{cases}$$

また，$t_+^*(\kappa)$ が $1 \leq \kappa \leq 2$ でとる最大値を求めよ[61]．

補題 2.5.2 ϕ_2, ϕ_3 の選択に応じて，t の制限は次の通り．

第1の場合：　　$\cos\phi_2 = t, \cos\phi_3 = \chi_-(t,\kappa)$ は

$$1 \leq \kappa \leq \sqrt{3} \implies -\frac{1}{2} \leq t \leq t_+^*(\kappa)$$

$$\sqrt{3} < \kappa \leq 1 \implies -\frac{1}{2} \leq t \leq 1$$

として，意味がある．

第2の場合：　　$\cos\phi_2 = t, \cos\phi_3 = \chi_+(t,\kappa)$ は $\kappa < \sqrt{3}$ のとき成立しない．$\kappa \geq \sqrt{3}$ のときは，$t_+^*(\kappa) \leq t \leq 1$ として意味がある．

---

[60] (2.64) の等号の場合から根号を消去すると

$$4t^3 + (8-2\kappa^2)t^2 + (5-6\kappa^2+k^4)t + 1 - 4\kappa^2 + \kappa^4 = 0$$

が従う．左辺の因数分解は $4(t+1)(t-t_+^*(\kappa))(t-t_-^*(\kappa))$ である．$t=-1, t = t_\pm^*(\kappa)$ について吟味を要する．

[61] $\kappa = \sqrt{3}$ のとき最大値 1 をとる．

[証明] 補題 2.5.1, (2.61) (2.64) および問 2.5.7, 2.5.8 の t に関する評価をまとめよ.
[証明終]

そこで，(2.25)(2.26) によると，

$$\cos\phi_4 = -\frac{1}{2}\{1+t+\chi_\pm(t,\kappa)\} \pm \frac{1}{2}\sqrt{\frac{4-\kappa^2}{\kappa^2}}\left\{\sqrt{1-t^2} \mp \sqrt{1-\chi_\pm(t,\kappa)^2}\right\}$$

$$\cos\phi_5 = -\frac{1}{2}\{1+t+\chi_\pm(t,\kappa)\} \mp \frac{1}{2}\sqrt{\frac{4-\kappa^2}{\kappa^2}}\left\{\sqrt{1-t^2} \mp \sqrt{1-\chi_\pm(t,\kappa)^2}\right\}$$

となる．このうち生き残るのはどれだろうか．Maple でいろいろと試した限りでは，(2.36)，すなわち

$$\sin\phi_1 + \sin\phi_2 + \sin\phi_3 + \sin\phi_4 + \sin\phi_5 = 0$$

が成立するのは，命題 2.5.2 の第 1 の場合，

$$\cos\phi_3 = \chi_-(t,\kappa), \quad \sin\phi_3 = \sqrt{1-\chi_-(t,\kappa)^2}$$

のときだけのようである．しかも，このとき，$\pi \leq \phi_4, \phi_5 < 2\pi$ を要請することが適当なようである．さらに，この想定のもとで，補題 2.5.2 に加えて，(2.41)(2.43) から，t の動く範囲が限定されるようである．

我々が検証すべき命題を述べよう．

定理 2.3 $\phi_2, \phi_3, \phi_4, \phi_5$ は

$$\max\left(t_-^*(\kappa), -\frac{1}{2}\right) \leq t \leq t_+^*(\kappa), \quad 1 \leq \kappa \leq 2 \tag{2.65}$$

のもとで，

$$\cos\phi_2 = t \tag{2.66}$$

$$\cos\phi_3 = \chi_-(t,\kappa) \tag{2.67}$$

$$\cos\phi_4 = -\frac{1}{2}\{1+t+\chi_-(t,\kappa)\} - \frac{1}{2}\sqrt{\frac{4-\kappa^2}{\kappa^2}}\left\{\sqrt{1-t^2} + \sqrt{1-\chi_-(t,\kappa)^2}\right\} \tag{2.68}$$

$$\cos\phi_5 = -\frac{1}{2}\{1+t+\chi_-(t,\kappa)\} + \frac{1}{2}\sqrt{\frac{4-\kappa^2}{\kappa^2}}\left\{\sqrt{1-t^2} + \sqrt{1-\chi_-(t,\kappa)^2}\right\} \tag{2.69}$$

$$0 \leq \phi_2, \phi_3 \leq \pi, \quad \pi \leq \phi_4, \phi_5 \leq 2\pi \tag{2.70}$$

で与えられる．

2.5. 5個の円板からなる環

検証すべきことは, ϕ_3, ϕ_4, ϕ_5 の選択が (2.67) ~ (2.69) および (2.70) であること, つまり, これらの場合に限って (2.36) が満たされることを示し, さらに, 付帯条件 (2.41) ~ (2.45) (2.48) から t の変動範囲が (2.65) となるべきことを確かめることである.

次の問が定理 2.3 の証明の鍵である. 計算機に頼り切ってしまうと, なかなか着想できないところであろう.

問 2.5.9 $\varphi(t, \kappa)$ を

$$\cos\varphi(t,\kappa) = \frac{1+t+\chi_-(t,\kappa)}{\kappa}, \quad \sin\varphi(t,\kappa) = \frac{\sqrt{1-t^2}+\sqrt{1-\chi_-(t,\kappa)^2}}{\kappa}$$

を満たすように選べることを示せ[62]. また, $\rho(\kappa)$ を

$$\cos\rho(\kappa) = \frac{\kappa}{2}, \quad \sin\rho(\kappa) = \frac{\sqrt{4-\kappa^2}}{2}$$

を満たすように選べることを示せ.

問 2.5.10 定理 2.3 の ϕ_4, ϕ_5 について, (2.45) は自明な不等式であることを確かめよ[63].

問 2.5.11 ϕ_3 は定理 2.3 のもの, φ は問 2.5.9 のものとする. このとき,

$$\cos(\phi_3 - \varphi) = \frac{\kappa}{2} - \frac{1}{2\kappa} - \frac{t}{\kappa},$$
$$\sin(\phi_3 - \varphi) = \frac{\sqrt{(\kappa^2+2\kappa-1-2t)(2t+1+2\kappa-\kappa^2)}}{2\kappa}$$

となることを示せ[64].

これらの問を踏まえると, 特に,

$$\cos(\phi_3 - \phi_4) = \frac{t}{2} + \frac{1}{4} - \frac{\kappa^2}{4}$$
$$+ \frac{\sqrt{4-\kappa^2}}{4\kappa}\sqrt{(\kappa^2+2\kappa-1-2t)(2t+1+2\kappa-\kappa^2)} \quad (2.71)$$

---

[62] (2.57) を利用せよ.

[63] ϕ_4, ϕ_5 はそれぞれ

$$\phi_4 = \pi + \varphi(t,\kappa) - \rho(\kappa), \quad \phi_5 = \pi + \varphi(t,\kappa) + \rho(\kappa)$$

したがって, $\cos(\phi_4 - \phi_5) = \cos 2\rho(\kappa)$ である.

[64] (2.58) (2.60) と問 2.5.6 を利用せよ. ただし,

$$\sin(\phi_3 - \varphi) = \frac{\sqrt{1-s^2}}{\kappa} - \frac{s\sqrt{1-t^2} - t\sqrt{1-s^2}}{\kappa}, \quad s = \chi_-(t,\kappa)$$

の形に留めておく方が好都合のこともある.

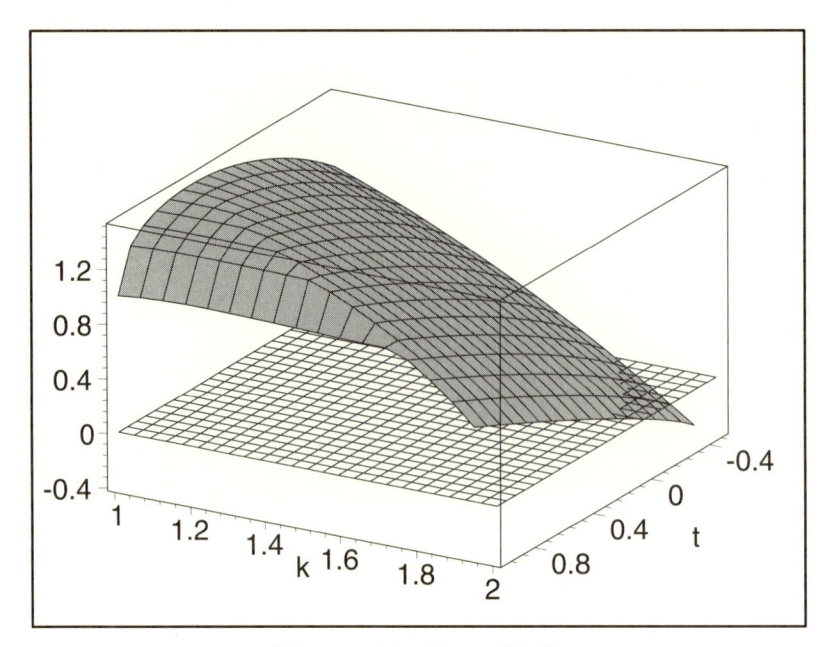

図 2.19: (2.43) の画像化

である．(2.71) 右辺の値は，$t = -\frac{1}{2}, 1 \leq \kappa \leq \sqrt{3}$ のとき，$-\frac{1}{2}$ を下回らない．一方，$\sqrt{3} \leq \kappa \leq 2$ ならば，$t = t_-^*(\kappa)$ において (2.71) 右辺の値はちょうど $-\frac{1}{2}$ になる．これから，(2.43) の成立の条件が

$$\max\left(t_-^*(\kappa), -\frac{1}{2}\right) \leq t \leq 1$$

であることがわかる[65]．図 2.19 にグラフを示す．

問 2.5.12 定理 2.3 の ϕ_3, ϕ_4, ϕ_5 について，

$$\cos(\phi_3 - \phi_4) + \cos(\phi_3 - \phi_5) + \phi(\phi_4 - \phi_5) = t - \frac{1}{2}$$

を示せ．したがって，$t \geq -\frac{1}{2}$ ならば，(2.44) は満たされる．

次に，(2.41) の検討をしよう．

---

[65] (2.71) の右辺の各項が t に関して単調に増大することに注意せよ．(2.71) の結果，t が (2.43) の左辺 $= 0$ を満たすならば，

$$4t^2 - 2(\kappa^2 - 2)t + \kappa^4 - 4\kappa^2 + 1 = 4(t - t_+^*(\kappa))(t - t_-^*(\kappa)) = 0$$

をも満たす．

2.5. 5個の円板からなる環

問 2.5.13 ϕ_2, ϕ_3 を定理 2.3 のものとする.
$$\cos(\phi_2 - \phi_3) = \frac{\kappa^2}{2} - \frac{3}{2} - t - \chi_-(t, \kappa)$$
を示せ[66].

問 2.5.14 ϕ_2 を定理 2.3 のもの,φ を問 2.5.9 のものとする.
$$\cos(\phi_2 - \varphi) = -\frac{1}{2\kappa} + \frac{\kappa}{2} - \frac{\chi_-(t, \kappa)}{\kappa}$$
$$\sin(\phi_2 - \varphi) = \frac{1}{\kappa}\sqrt{1-t^2} + \frac{\chi_-(t,\kappa)\sqrt{1-t^2} - t\sqrt{1-\chi_-(t,\kappa)^2}}{\kappa}$$
となることを示せ[67].

問 2.5.15 ϕ_2, ϕ_3, ϕ_4 を定理 2.3 のものとする.
$$\begin{aligned}\cos(\phi_2 - \phi_4) + \cos(\phi_3 - \phi_4) &= \\ &= \frac{1}{2} - \frac{\kappa^2}{2} + \frac{t + \chi_-(t, \kappa)}{2} \\ &\quad + \frac{\sqrt{4-\kappa^2}}{2\kappa}\left(\sqrt{1-t^2} + \sqrt{1-\chi_-(t,\kappa)^2}\right)\end{aligned}$$
が成り立つことを示せ.

これから
$$\begin{aligned}&\cos(\phi_2 - \phi_3) + \cos(\phi_2 - \phi_4) + \cos(\phi_3 - \phi_4) \\ &= -1 - \frac{t + \chi_-(t, \kappa)}{2} + \frac{\sqrt{4-\kappa^2}}{2\kappa}\left(\sqrt{1-t^2} + \sqrt{1-\chi_-(t,\kappa)^2}\right)\end{aligned} \quad (2.72)$$
が従う.

問 2.5.16 定理 2.3 の ϕ_2, ϕ_3, ϕ_4 について,(2.48) の左辺は恒等的に 0 になることを示せ.

問 2.5.17 (2.72) の右辺は,さらに「簡略化」されて,
$$\begin{aligned}&-\frac{1}{4}t - \frac{1}{8}\kappa^2 - \frac{5}{8} + \frac{1}{8}\frac{\sqrt{1-t^2}}{t+1}\sqrt{(2t+1-\kappa^2+2\kappa)(\kappa^2+2\kappa-1-2t)} \\ &+ \frac{\sqrt{4-\kappa^2}}{8\kappa}\Big\{(2t+\kappa^2+1)\frac{\sqrt{1-t^2}}{t+1} \\ &\quad + \sqrt{(2t+1-\kappa^2+2\kappa)(\kappa^2+2\kappa-1-2t)}\Big\}\end{aligned}$$

---
[66] (2.64) 参照.
[67] 問 2.5.11 を参照せよ.

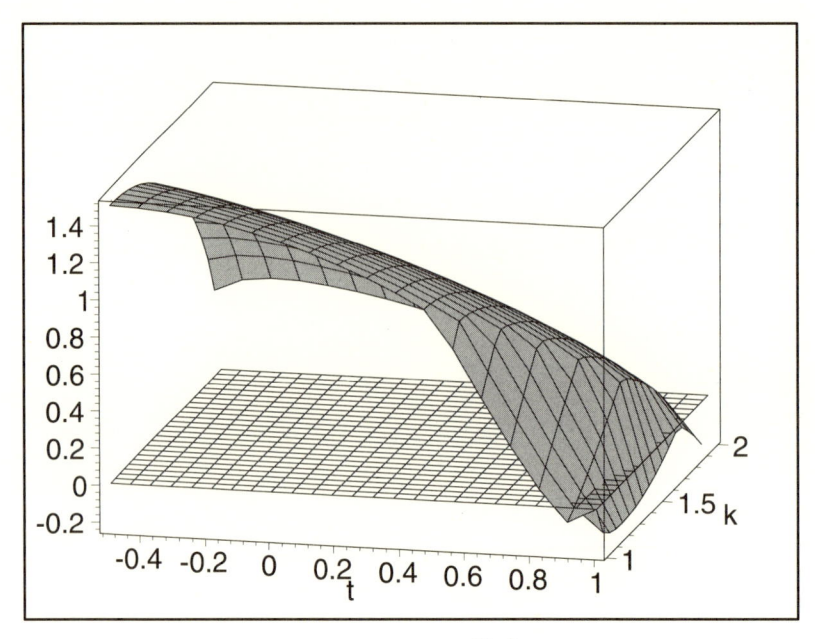

図 2.20: (2.41) の模式図

となることを検証せよ. $t = t_+^*(\kappa)$ のときのこの式の値が -1 になることを確かめよ[68].

問 2.5.17 の変形により, (2.41) が成立するためには, $t \leq t_+^*(\kappa)$ が必要であることがわかる. 図 2.20 は, Maple による概略図である.

付帯条件 (2.42) の検証のためには, さらに, 次の結果が要る.

問 2.5.18 ϕ_2, ϕ_3, ϕ_5 を定理 2.3 のものとする. このとき,

$$\cos(\phi_2 - \phi_5) + \cos(\phi_3 - \phi_5)$$
$$= \frac{1}{2} - \frac{\kappa^2}{2} + \frac{t + \chi_-(t,\kappa)}{2} - \frac{\sqrt{4-\kappa^2}}{2\kappa}\left(\sqrt{1-t^2} + \sqrt{1-\chi_-(t,\kappa)^2}\right)$$

が成り立つ.

問 2.5.19 定理 2.3 の $\phi_2, \phi_3, \phi_4, \phi_5$ について, (2.42) の左辺は恒等的に 0 になることを確かめよ.

---

[68]筆者は Maple を利用した. (2.41) の左辺を 0 と置いた方程式から根号を追い出すと t の 4 次式が得られる. さらに, 因数分解すると

$$-4(\kappa^2 - 1)^2 (2t+1)^2 (t - t_+^*(\kappa))(t - t_-^*(\kappa))$$

となり, 吟味によって余計なものを排除しなければならない.

2.5. 5個の円板からなる環

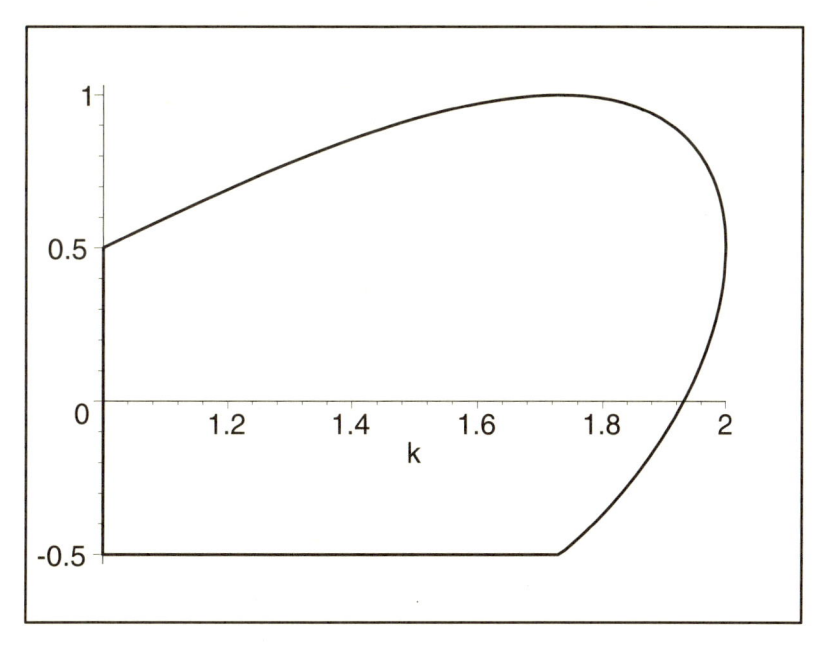

図 2.21: (2.65) の (κ, t) (横軸, 縦軸はそれぞれ κ-軸, t-軸.)

注意 2.5.5 定理 2.3 の文言に示した ϕ_3, ϕ_4, ϕ_5 以外の選択は不適であることの検証は省略する．このための方針は以上の議論と同様に建てればよい．

2.5.4 5円板の連なりの生成

定理 2.3 を Maple のプロシデュアに表現しよう．5個の円板が，隣り合うものどうしが接しつつ全体としてなす輪は，(2.65) の関係を満たす2個のパラメータ t, κ によって規定されることがわかった．図 2.21 は (2.65) の外周を表す．

プロシデュア自体のアイデアは簡単である．$\phi_1(t, \kappa) = 0$ を補った上で，(2.66) 〜 (2.69) によって $\phi_2(t, \kappa), \phi_3(t, \kappa), \phi_4(t, \kappa), \phi_5(t, \kappa)$ を与えれば[69]，円板の中心の座標が決められる．$N = 5$ のときの (2.12) を素直にプロシデュア化して，(t, κ) を指定する

---

[69] ただし，以下の計算では，定理 2.3 に従って，脚注 44 に説明した逆余弦関数 arccos を用い，
$$\phi_1(t, \kappa) = 0, \phi_2(t, \kappa) = \arccos(t), \phi_3(t, \kappa) = \arccos(\chi_-(t, \kappa))$$
$$\phi_4(t, \kappa) = 2\pi - \arccos(\psi_1(t, \kappa) - \psi_2(t, \kappa))$$
$$\phi_5(t, \kappa) = 2\pi - \arccos(\psi_1(t, \kappa) + \psi_2(t, \kappa))$$

ごとに該当する円板中心を出力するものが fivecenters である[70]．ここでは，(t, κ) と (2.65) との整合性はプロシデュアの管理外としてある（つまり，整合性の検討はプロシデュアはしない）．

$fivecenters := \mathbf{proc}(t, k)$
$\mathbf{local}\, i, j, a, b;$
　$a_1 := 0\,;$
　$b_1 := 0\,;$
　$\mathbf{for}\, i\, \mathbf{to}\, 5\, \mathbf{do}\, a_{i+1} := 2 * \mathrm{sum}(\cos(\phi_j(t, k)), j = 1..i)\, \mathbf{end\, do}\,;$
　$\mathbf{for}\, i\, \mathbf{to}\, 5\, \mathbf{do}\, b_{i+1} := 2 * \mathrm{sum}(\sin(\phi_j(t, k)), j = 1..i)\, \mathbf{end\, do}\,;$
　$[\mathrm{seq}([a_i, b_i], i = 1..6)]$
$\mathbf{end\, proc}$

円板の中心の座標が定まれば，それぞれについて半径 1 の円周を描けばよい．プロシデュア fivecircles は，(t, κ) を指定するたびに fivecenters で得られた点を中心とする 5 個の円周を描くものである[71]．

$fivecircles := \mathbf{proc}(t, k)$
$\mathbf{local}\, CC, m, dd, \theta;$
　$CC := \mathrm{map}(simplify, fivecenters(t, k))\,;$
　$\mathbf{for}\, m\, \mathbf{to}\, 5\, \mathbf{do}\, dd_m := \mathrm{plot}([CC_{m1} + \cos(\theta), CC_{m2} + \sin(\theta), \theta = 0..2 * \pi],$
　　　$scaling = constrained, xtickmarks = 3, ytickmarks = 3, thickness = 2,$
　　　$color = fivecolors_m)$
　$\mathbf{end\, do}\,;$
　$plots_{display}(\mathrm{seq}(dd_m, m = 1..5))$
$\mathbf{end\, proc}$

プロシデュア fivecircles を利用すれば[72]，κ, t を与えるごとに連接する 5 個の円板を描くことができる．例えば，$\kappa = \sqrt{3}$ の場合の出力を以下に示そう（図 2.22～2.28

という表現をソフト化して利用した．ここで，
$$\psi_1(t, \kappa) = -\frac{1}{2}(1 + t + \chi_-(t, \kappa))$$
$$\psi_2(t, \kappa) = \frac{1}{2}\sqrt{\frac{4 - \kappa^2}{\kappa^2}}\left(\sqrt{1 - t^2} + \sqrt{1 - \chi_-(t, \kappa)^2}\right)$$
である．定理 2.3 の言明のように，平方根関数を繰り返し利用すれば，今の場合，逆余弦関数などの逆三角関数は見掛け上不要になる．しかし，数学的な流れとしてはいたずらに複雑になってしまい，不自然である．

[70]ただし，κ の代わりに k を用いている．出力は $[a_1, b_1], [a_2, b_2], \cdots, [a_5, b_5], [a_6, b_6]$ の 6 個であるが，$a_1 = a_6 = 0$, $b_1 = b_6 = 0$ となるべきであることに注意して，出力としては第 5 項まで，すなわち，実際には $[a_1, b_1]$ ～$[a_5, b_5]$ しか使わない．

[71]円周を描いていく順序が見えやすいように，本来の出力では色彩をリスト

$fivecolors := [brown, gold, green, red, violet]$

にしたがって変えてある．

[72]ただし，(2.65) の条件は事前に確かめてからプロシデュアを利用せよ．

を見よ[73]．

t, κ を変更した図をいくつか出力してみよう．すると，例えば，5個の円板において，どの円板も他に2個の円板と接しているような場合には，t, κ の間に特別な関係が満たされているのではないかという示唆が得られるなど，想像はさらに膨らむであろう．

2.6 最後に

冒頭に掲げた問題 2.3, 2.4 の完全な解答のためには一般の N の場合に通用する議論が要るであろう．$N = 5$ の場合は（考えようによっては）高校数学の知識の応用の範囲で何とか記述できたと言えるだろう（問題 2.4 をきちんと論ずるところまでは行かなかったが）．以上の議論を振り返って，特に，強調しておきたいことは，高校数学では，ともすれば入学試験問題だけが目標視されるけれども，ここでは，それとは全く趣を変えて，**主題並びに文脈こそが重視されるべき話題**を「何とか」高校数学の水準[74]で扱うことができるということを示したことである．逆余弦関数が顔を出すけれど，知識技能を必要に応じて補おうとするのは極めて当然のことであり，気の利いた若い人たちがこの程度のことに気後れするはずはあるまい．しかも，この話題自体は，1世紀半昔の和算の文献に触発されたものではありながら，実は，今日でもそれほど特殊なことではない．ロボットの腕のような連鎖構造のアームは今あちこちに使われている．アーム類の動く範囲の特定などでここに展開したのと似たような考察は必要だったはずである．こ

---

[73] `fivecircles` は，あらかじめ `fivecenters`, `fivecolors` が読み込まれていなければ走らない．一方，`fivecenters` が走るためには，$\phi_1, \cdots, \phi_5$ が必要である．具体的には，脚注 69 に述べたように，定理 2.3 と (2.60) を参考にして，まず，$\delta, \chi_-, \psi_1, \psi_2$ を与える：

$$\delta := (t, k) \to \frac{1}{4}(t-1)(t+1)(2t - k^2 + 1 + 2k)(2t - k^2 + 1 - 2k)$$

$$\chi_- := (t, k) \to -\frac{1}{2}t + \frac{1}{4}k^2 - \frac{3}{4} - \frac{\sqrt{\delta(t, k)}}{2t + 2}$$

$$\psi 1 := (t, k) \to -\frac{1}{2} - \frac{1}{2}t - \frac{1}{2}\chi_-(t, k)$$

$$\psi 2 := (t, k) \to \frac{1}{2}\sqrt{\frac{4 - k^2}{k^2}}\left(\sqrt{1 - t^2} + \sqrt{1 - \chi_-(t, k)^2}\right)$$

ついで，ϕ_1 以下を定める：

$$\phi_1 := 0$$
$$\phi_2 := (t, k) \to \arccos(t)$$
$$\phi_3 := (t, k) \to \arccos(\chi_-(t, k))$$
$$\phi_4 := (t, k) \to 2\pi - \arccos(\psi 1(t, k) - \psi 2(t, k))$$
$$\phi_5 := (t, k) \to 2\pi - \arccos(\psi 1(t, k) + \psi 2(t, k))$$

[74] 数学科志望者ならば多少の努力でこなせるであろう程度の逸脱は当然として．

図 2.22: $\kappa = \sqrt{3}$, $t = -\dfrac{1}{2}$

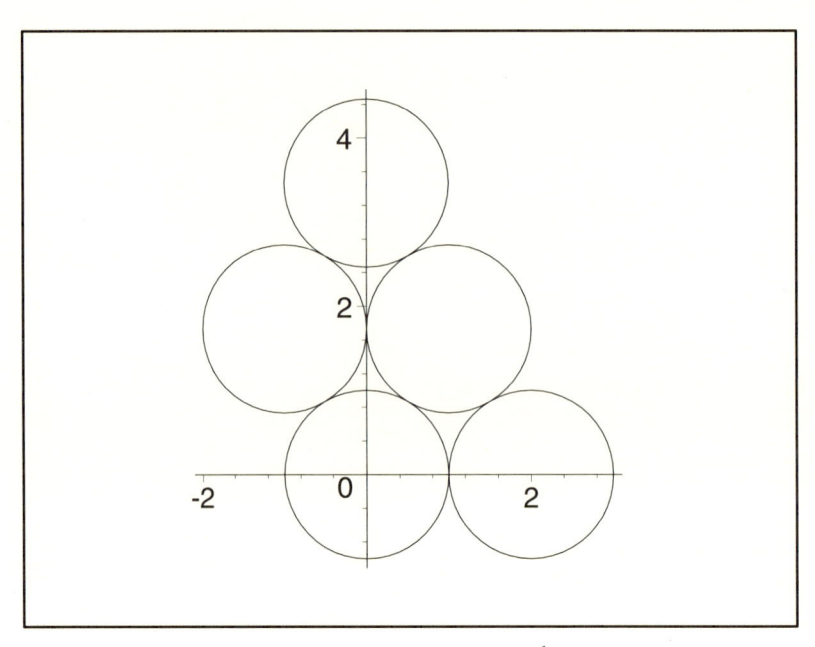

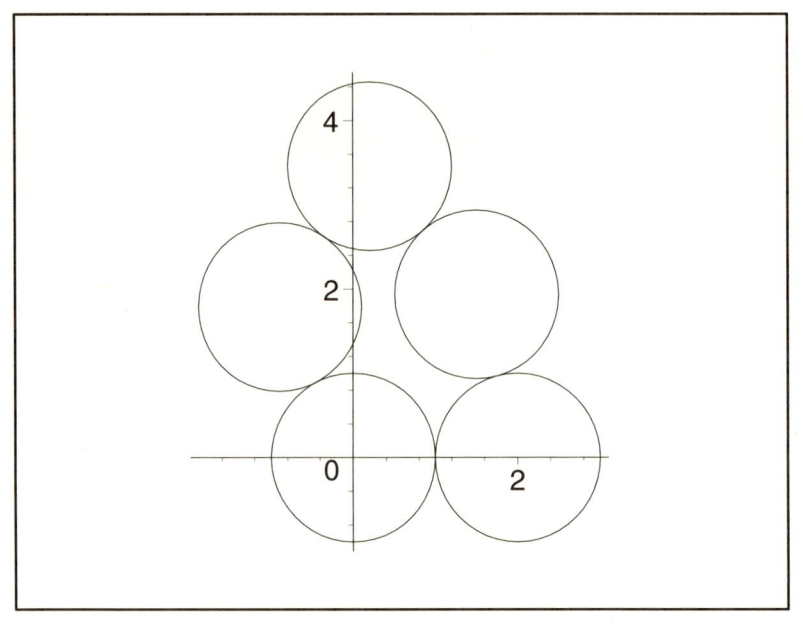

図 2.23: $\kappa = \sqrt{3}$, $t = -\dfrac{1}{4}$

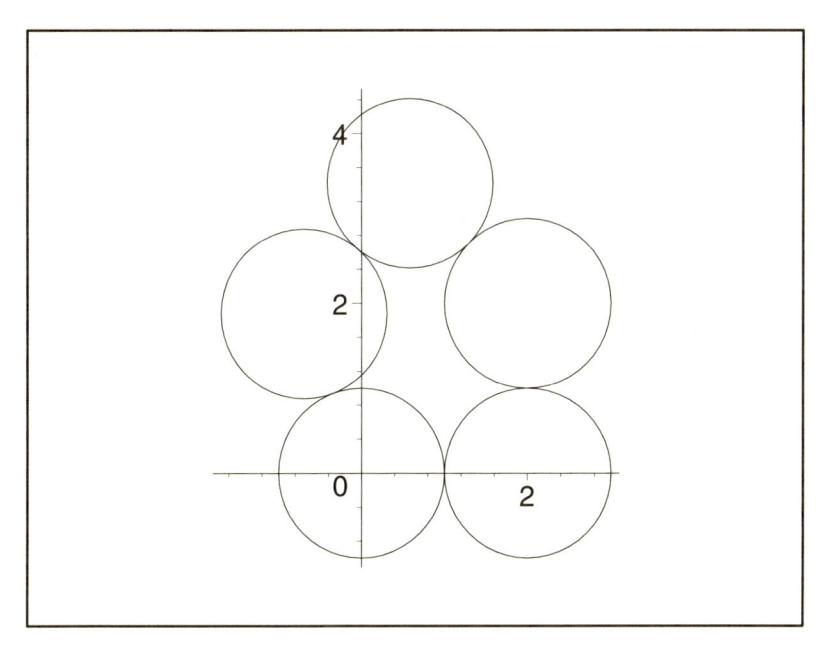

2.6. 最後に

図 2.24: $\kappa = \sqrt{3}, t = 0$

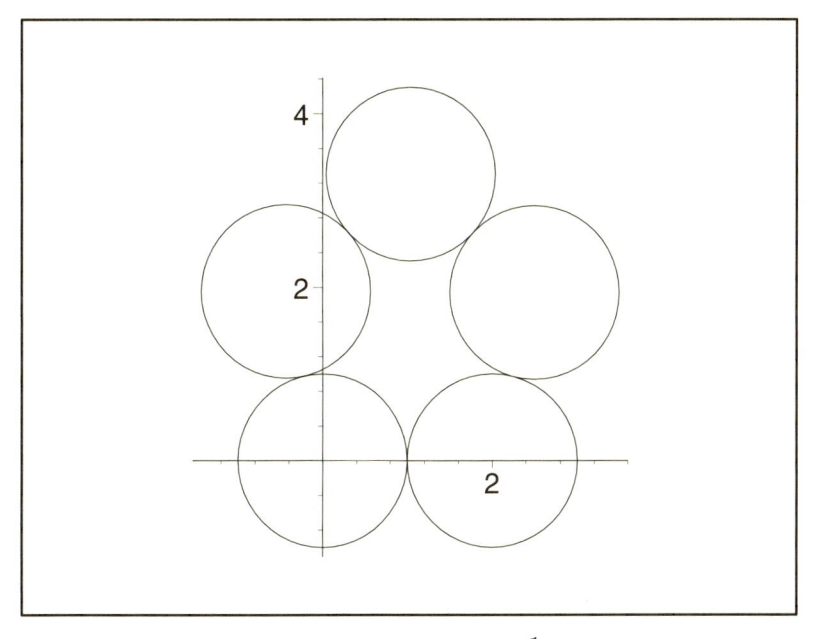

図 2.25: $\kappa = \sqrt{3}, t = \dfrac{1}{4}$

図 2.26: $\kappa = \sqrt{3}, t = \dfrac{1}{2}$

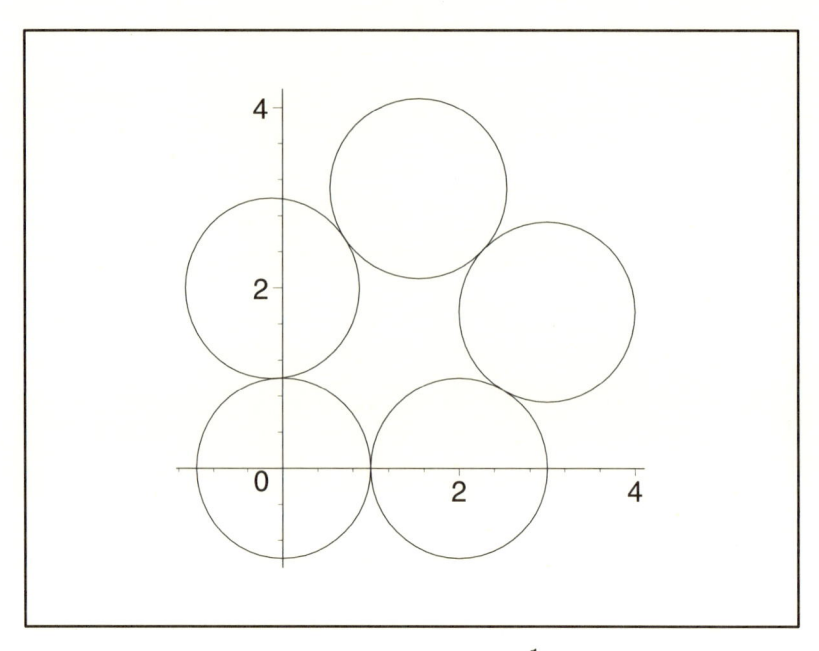

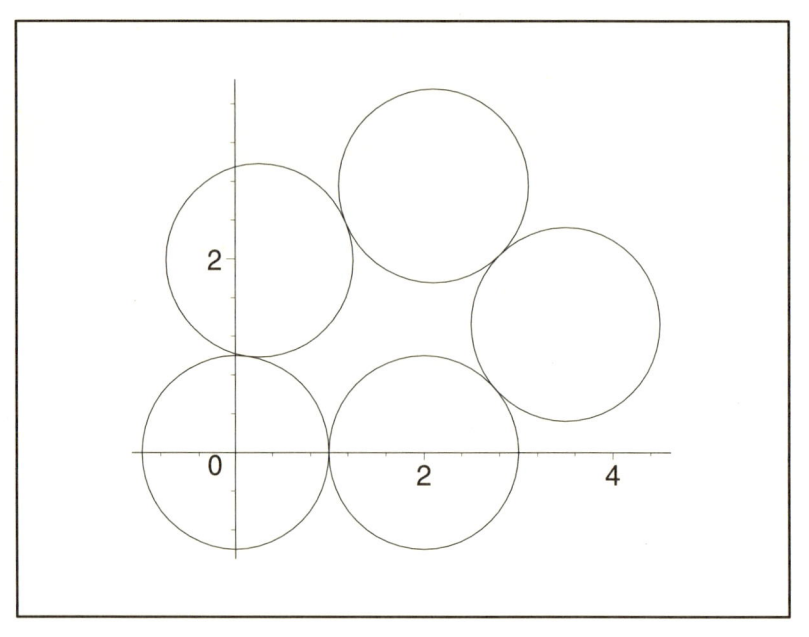

図 2.27: $\kappa = \sqrt{3}, t = \dfrac{3}{4}$

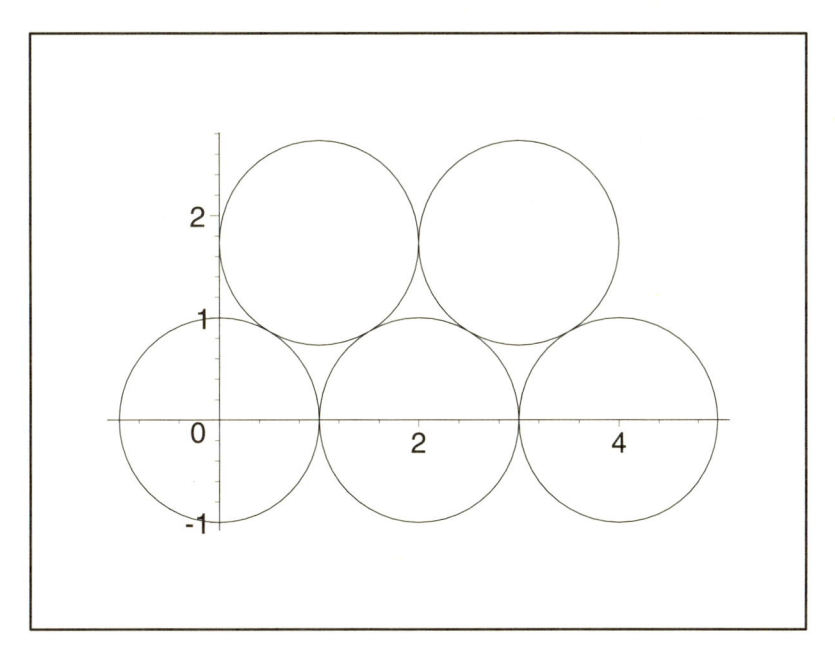

2.6. 最後に

図 2.28: $\kappa = \sqrt{3}, t = 1$

うして開発された技術の成果は，われわれの周辺に満ち溢れているのではないだろうか．ところが，この手の話題の扱いが，一般の N の場合には，相当な困難を伴うものであり，並々ならぬアイデアが必要であろうと感じられれば，今度は，**身の回りの技術開発の成果が，実は，必ずしも完璧な数学的把握を経てはいないかも知れない**という不安を覚えてもおかしくはあるまい．まして，われわれは積極的に計算機の力を借りてはきたが，適切な数学との相互作用が解決の根本だったことを忘れてはならない．

第3章　相加・相乗平均を見直す

3.1　ある数列の観察

3.1.1　観察と想像

　最初に，皆さんの想像力を期待したい．次のような数列[1]がある．ここには 15 行分示す．

$$
\begin{array}{c}
1 \\
1, 1 \\
1, 1, 1 \\
1, 1, 1, 1 \\
1, 1, 1, 1, 1 \\
1, 1, 2, 1, 1, 1 \\
1, 1, 1, 2, 1, 1, 1 \\
1, 1, 1, 2, 2, 1, 1, 1 \\
1, 1, 2, 1, 2, 2, 1, 1, 1 \\
1, 1, 1, 2, 2, 2, 2, 1, 1, 1 \\
1, 1, 1, 2, 2, 2, 2, 2, 1, 1, 1 \\
1, 1, 2, 1, 2, 3, 2, 2, 2, 1, 1, 1 \\
1, 1, 1, 2, 2, 2, 3, 2, 2, 2, 1, 1, 1 \\
1, 1, 1, 2, 2, 2, 3, 3, 2, 2, 2, 1, 1, 1 \\
1, 1, 2, 1, 2, 3, 2, 3, 3, 2, 2, 2, 1, 1, 1
\end{array}
$$

---

[1] ここでは，「数列」とは決った順序で並べられた有限個の整数（自然数）と思っていてよい．差しあたっての課題は順序を決める規則を見つけることである．数列の中には項の並び方に規則性が全くなく，したがって，その数列を知るには全部書き出すしか方法のないものもある．こういう数列に出合ったら「災難」かも知れないが，予めそれとはわからないのである．

これらの数列はある条件を満たすものの個数を数えて得られる．その条件の詳しい意味については後述する（§3.3）．したがって，これらはある規則に支配されている数列の集団の一部に過ぎず，本来は無限行並ぶべきものと心得ていただきたい．そこで，皆さんには，これら15行分から支配規則を発見してほしい．例えば，20行目の数列はどうなるだろうか，しばらくの間，考えてほしい．

これらの数列から，一般的な傾向をつかみ出したい．まず，各数列は何個の数字から成り立っているだろうか．また，数字の現われ方はどうだろうか．見たところでは，1, 2, 3 の 3 個の数字しかないが，行数を増して行っても，そのことは変わらないだろうか．そもそも，こういったことを判断する根拠になるものは何だろうか．

実際に数え上げてみれば，1行目は1個，2行目は2個，$\cdots$，15行目は15個の整数からできている．そうすると，一般に，第 N 行目は N 個の整数が並ぶものと考えるのは自然であろう．特に，20行目は20個の整数から出来上がるはずである．

さて，数字の並び方を見てみると，どの行の数列も両端に 1 が並び，それから 2, 3 と並ぶ．しかし，9 行目では，1, 2 の順序が乱れているところがある．他方，行が進むにつれて，現れる数が大きくなるという判断はしてよいようである．ヒントは，上に並べた数列たちの数字が乱れているところにある．6 行目の 2 の位置がおかしい．9 行目，12 行目，15 行目には，1 と 2 とが逆転しているところがある．15 行目には，さらに，2 と 3 が逆転しているところがある．

皆さんには何らかの見当が付いたのではないかと思う．その想定が正しいかどうか，16 行目から 18 行目までの数列を与えるので確かめてほしい．

$$1, 1, 1, 2, 2, 2, 3, 3, 3, 3, 2, 2, 2, 1, 1, 1$$
$$1, 1, 1, 2, 2, 2, 3, 3, 3, 3, 2, 2, 2, 1, 1, 1$$
$$1, 1, 2, 1, 2, 3, 2, 3, 4, 3, 3, 3, 2, 2, 2, 1, 1, 1$$

これから，特に，20行目の数列は，

$$1, 1, 1, 2, 2, 2, 3, 3, 3, 4, 4, 3, 3, 3, 2, 2, 2, 1, 1, 1$$

となることが判断できたであろうか．

問 3.1.1 19行目はどうなるか．また，100行目の数列はどうなるだろうか[2]．

---

[2]100行目は §3.4 の末尾に示してある．

3.1.2 考え方の解析

考え方[3]を説明しよう．基本的には連想が生きる範囲のことの積み重ねである．とは言え，知的な冒険とでもいうべきことに，敢えて，挑むことを厭わない姿勢を常に鍛えるようお勧めしておきたい．

まず，数列たちが15行とか18行とかに限定されてない全体像を（漠然とで十分だが）思い浮かべよう．全体を意識することによって問題の文脈を把握しようというのである．自然に目に付くのは，全体として三角錐状になること，左右の斜辺に平行に走る数字の列たちであろう．各斜線上の数の並びは比較的簡単な規則に支配されているように見える．ここでは，頂点の1という数字から左斜辺に沿って，第 ℓ 行の数列の左端の1まで行き，そこから，さらに，右の斜辺に平行な線に沿って m 番目の数字に着目しよう．例えば，第6行目の左から3番目の2という項は，$\ell = 4, m = 3$ として特定できる．一般に，第 N 行の数列の左から n 番目の項 $a_{N,n}$ は，$\ell = N - n + 1, m = n$ によって，特定できるのである．

さて，このように ℓ, m を取ることにして，改めて，数列たちの三角錐を眺め，ℓ, m によって決まる数 $b_{\ell, m}$ を見てみよう．例えば，$\ell = 4$ とすると，$m = 1, 2$ では $b_{4, m} = 1$ であるが，$m = 3, 4, \cdots$ では $b_{4, m} = 2$ になっている．$\ell = 7$ なら，$m = 1, 2$ では $b_{7, m} = 1$ であり，$m = 3, 4, 5$ で $b_{7, m} = 2$，さらに，$m \geq 6$ ではずっと $b_{7, m} = 3$ となる．$\ell = 10, 13$ でも，同様の観察ができる．多少の数字の異同はあるが，その他の ℓ についても同じ傾向が認められる．要するに，3が鍵を握っていることがわかる．

上の観察を説明するために，$\ell - 1$ を3で割り，その商と余りをそれぞれ p, r としよう．すなわち，

$$\ell - 1 = 3p + r, \quad r = 0, 1, 2, \quad p = 0, 1, 2, \cdots \tag{3.1}$$

とする．

例 3.1.1 $p = 0$ ならば，すべての $m = 1, 2, \cdots$ について，$b_{\ell, m} = 1$ である．$p = 1$ ならば，$m = 1, \cdots, 2 + r$ に対しては，$b_{\ell, m} = 1$ となり，$m = 3 + r, 4 + r, \cdots$ に対しては，$b_{\ell, m} = 2$ となる．

$p = 2$ ならば，$m = 1, \cdots, 2 + r, m = 3 + r, 4 + r, 5 + r, m = 6 + r, 7 + r, \cdots$ に対し，$b_{\ell, m}$ は，それぞれ，1, 2, 3 となっている．しかし，r の扱いが厄介である．$r \geq 1$ でも，$m \leq r$ ならば，常に，$b_{\ell, m} = 1$ である．一方，$m > r$ のときは，$m - r$ を3で割って，

---
[3]他にも考え方は有り得ることを強調しておこう．

$$m - r = 3q + s, \quad s = 0, 1, 2, \quad q = 0, 1, 2, \cdots, \quad m > r \tag{3.2}$$

としてみよう．すると，

$$b_{\ell,m} = \begin{cases} q+1, & q \leq p, \\ p+1, & q > p, \end{cases} \quad (m > r) \tag{3.3}$$

となることがわかる．

以上を整理しよう．

命題 3.1 $\ell, m = 1, 2, \cdots,$ に対し，p, r を (3.2) で定め，q, s を

$$\max(m - r, 0) = 3q + s, \quad q = 0, 1, 2, \cdots, \quad s = 0, 1, 2 \tag{3.4}$$

によって定めれば，表示式

$$b_{\ell,m} = \min(p, q) + 1 \tag{3.5}$$

が成り立つ．

実際，(3.5) の右辺は p または q が 0 ならば 1 になり，一般には，$p+1$ または $q+1$ の小さいものと同じである．(3.4) は，$m \leq r$ ならば $3q + s = 0$ となり，したがって[4]，$q = s = 0$ であり，$m > r$ ならば $m - r = 3q + s$（つまり，(3.2)）であることを意味する．したがって，例 3.1.1 および (3.3) を念頭に置けば命題の成立がわかる．

これでは，まだ，単純明解とは言えないが，上に与えた数列たちの表を延長していくためには助けになり，少なくとも第 20 行目の数列を書き上げるのには役に立つ．

3.1.3 結果の整理

ところで，本来求めるべきものは，第 N 行の数列の左から n 番目の項 $a_{N,n}$ であり，したがって，

$$a_{N,n} = b_{N-n+1,n}$$

である．ここで，右辺は，命題 3.1，特に，(3.5) によれば，$p = \left[\frac{N-n}{3}\right]$ とおき[5]，$r = N - n - 3p$（ただし，$r = 0, 1, 2$）として

$$\min(p, q) + 1, \quad \text{ただし}, \quad q = \begin{cases} 0, & n < r \\ \left[\dfrac{n-r}{3}\right], & n \geq r \end{cases}$$

---

[4] q, s の変動範囲に注意せよ．
[5] 実数 a に対し，$[a]$ で a 以下の最大整数を表す．$[\ ]$ をガウス記号ということがある．

3.1. ある数列の観察

と書くことができる．

ここで，$r = 2$ ならば $n < r$ となるのは $n = 1$ のときであり，したがって，N は 3 の倍数である．さらに，$q = 0$ だから，$\min(p, q) + 1 = 1$ である．

他方，$n \geq r$ のときは，$n - r = 3p - (N - 2n)$ だから，

$$q = \left[p - \frac{N - 2n}{3} \right]$$

となる．したがって，$N < 2n$ ならば $q \geq p$ であり，$N \geq 2n$ ならば $q \leq p$ である．しかも，そのときは，

$$q + 1 = p - \left[\frac{N - 2n - 1}{3} \right]$$

となることを検証することは難しくはない．

以上から，N が 3 の倍数で，かつ $n = 1$ である場合[6]を除き，

$$a_{N,n} = \begin{cases} \left[\dfrac{N - n}{3} \right] + 1, & N \leq 2n \\[2mm] \left[\dfrac{N - n}{3} \right] - \left[\dfrac{N - 2n - 1}{3} \right], & N > 2n \end{cases} \tag{3.6}$$

となる．(3.6) は，いかにも錯綜しているが，実際の計算には有効である．§3.4.1 を見よ．

3.1.4 反省

これらの数列は，冒頭に述べたように，ある条件を満たすものの個数を数え上げる[7]ことによって得られるもので，実際，その手順を計算機に追跡させて生成したものである．しかし，第 20 行目の数列を計算するのにも相当に時間がかかり，まして，第 100 行目となると 1 日で済むかどうかもわからない．ところが，(3.6) を利用すれば（計算機上では）任意の行の数列をほぼ瞬時に計算することができるようになる[8]．つまり，生の数理現象を数学的に把握しなおすことに重要な意義が認められるであろう．ただし，(3.6) は飽くまでも帰納して得られたものに留まっているので，当初の数列の生成原理に照らして証明が完了しているというわけではない．特に，この例では数学以外に準拠すべき原理は全くないので，その意味では，いくらもっともらしい結論めいたものが得られても，議論は依然不完全のままである．

---

[6] $a_{3\ell,1} = 1$ である．
[7] §3.3 で説明する．
[8] §3.4 に Maple のプログラム例と出力例を示す．

問 3.1.2 $a_{21,n}$, $n = 1, 2, \cdots, 21$ を計算せよ[9].

3.2 不等式の組織化

3.2.1 相加平均と相乗平均

皆さんは，0でない実数には正負の符号があること，しかし，2乗すれば必ず正になることはご存じであろう[10]．したがって，0の場合も含めて，どんな実数 r でも

$$r^2 \geq 0$$

を満たすわけである．また，このことから，正の実数 P は 0 でない実数 r の 2 乗で表される：

$$P > 0 \quad \Leftrightarrow \quad P = r^2, \quad r \neq 0$$

このことこそすべての不等式の基本中の基本である．例えば，相加相乗平均の不等式は，正数 A, B の相加平均（算術平均）$\frac{1}{2}(A+B)$ と相乗平均（幾何平均）$\sqrt{AB}$ の間に成り立つ不等式

$$\frac{A+B}{2} > \sqrt{AB}, \quad A > 0, B > 0, A \neq B,$$

であるが，これは，$A = a^2$, $B = b^2$ として，

$$\frac{a^2 + b^2}{2} - ab = \frac{1}{2}(a-b)^2 = \left(\frac{a-b}{\sqrt{2}}\right)^2, \quad (ab > 0)$$

から従う．しかも，等号が成立するのは，$a = b$ すなわち $A = B$ のときに限ることもわかる．

同様に，$X > 0, Y > 0, Z > 0$ に対するよく知られた不等式

$$\frac{X^3 + Y^3 + Z^3}{3} \geq XYZ \tag{3.7}$$

---

[9] §3.4.1 に $N = 25$ までの結果を示してある．
[10] 特に，$(-1)^2 = 1$ だが，このことを確かめようと思ったことはあるだろうか．このためには，基本に遡らなければならない．そもそも，-1 とは何なのか．$a = -1$ ならば，$a + 1 = 0$ であり，逆も正しい．両辺に a を乗じよう．$a \cdot (a + 1) = a \cdot 0$ である．右辺は 0 であり，左辺は $a^2 + a$ である（なぜ？）．だから，$a^2 + a = 0$ だ．両辺に 1 を足そう．すると，$a^2 + a + 1 = 1$ になる．ところが，$a + 1 = 0$ だったから，左辺は a^2 となり（どうして？），結局，$a^2 = 1$ になる．つまり，$(-1)^2 = 1$ である．ここで，(なぜ？) とか (どうして？) と付したのは，分配法則とか結合法則と呼ばれる演算の基本性質が使われるからであるが，もちろん，ここではこれ以上立ち入らない．

3.2. 不等式の組織化

も，平方和の形に帰着させて示される．すなわち，$X = x^2$, $Y = y^2$, $Z = z^2$ として，

$$\frac{x^6 + y^6 + z^6}{3} - x^2 y^2 z^2 = \frac{1}{6}(x^2 + y^2 + z^2)\{(x^2 - y^2)^2 + (y^2 - z^2)^2 + (z^2 - x^2)^2\}$$

であるが，右辺がさらに平方式の和に書き直されることは明らかであろう．

実際，ヒルベルト[11] は，このように符号が一定（今の場合なら，正，少なくとも非負）の多項式は必ず平方式の和として表されるに違いないという予想を建て，証明を試みた．最終的には，ヒルベルトの予想は，当初期待されたような完全な形での成立は不可能とわかったが，基本的に正しいことが示されたのである．

3.2.2 ミュアヘッド平均

さて，これから (3.7) を含む不等式群と §3.1 の数列たちの関係を示そう．まず，(3.7) の左辺も右辺も次の形の式の特別な場合であることに着目してほしい．

$$\frac{X^a Y^b Z^c + X^a Y^c Z^b + X^b Y^c Z^a + X^b Y^a Z^c + X^c Y^a Z^b + X^c Y^b Z^a}{6} \tag{3.8}$$

ここで，a, b, c は非負の整数とし，とりあえず，$a \geq b \geq c \geq 0$ とする．

(3.8) を $\mathfrak{M}_{(a,b,c)}(X, Y, Z)$ と書き[12]，**指標** (a, b, c) の **ミュアヘッド平均** と呼ぶことにしよう．(3.7) の左辺は，$\mathfrak{M}_{(3,0,0)}(X, Y, Z)$ であるのに対し，右辺は $\mathfrak{M}_{(1,1,1)}(X, Y, Z)$ である．しかも，いずれにおいても，$a + b + c = 3$ が満たされている．

例 3.2.1 $(a, b, c) = (2, 1, 0)$ とすれば，

$$\mathfrak{M}_{(2,1,0)}(X, Y, Z) = \frac{1}{6}\{X^2 Y + Y^2 Z + Z^2 Y + Y^2 X + X^2 Z + Z^2 X\}$$

である．しかも，$X > 0$, $Y > 0$, $Z > 0$ ならば，

$$\mathfrak{M}_{(3,0,0)}(X, Y, Z) \geq \mathfrak{M}_{(2,1,0)}(X, Y, Z) \tag{3.9}$$

及び

$$\mathfrak{M}_{(2,1,0)}(X, Y, Z) \geq \mathfrak{M}_{(1,1,1)}(X, Y, Z) \tag{3.10}$$

がいずれも成立する．

---
[11] David Hilbert (1862 – 1943). ドイツの数学者．19 世紀末から 20 世紀前半にかけて数学研究に指導力を発揮した．1900 年のパリ国際数学者会議における講演は，当時の数学が直面すべき基本的な課題を羅列したもので，20 世紀の数学研究の動向に大きな影響を及ぼした．

[12] $\mathfrak{M}$ はドイツ花文字（Euler Fraktur 体）の M である．取り敢えずは，英字筆記体の大文字を流用せよ．§A.2 を見よ．

問 3.2.1 (3.9) (3.10) の成立を確かめよ．

別の見方を紹介しよう．$t > 0$ として，

$$\mathfrak{M}_{(a,b,c)}(t,t,1) = \frac{t^{a+b} + t^{b+c} + t^{c+a}}{3}, \quad \mathfrak{M}_{(a,b,c)}(t,1,1) = \frac{t^a + t^b + t^c}{3}$$

に注意しよう．なお，$\mathfrak{M}_{(a,b,c)}(t,t,t) = t^{a+b+c}$, $\mathfrak{M}_{(a,b,c)}(1,1,1) = 1$ である．そこで，例えば，(3.10) が正しければ，

$$F(t) = \mathfrak{M}_{(2,1,0)}(t,t,1) - \mathfrak{M}_{(1,1,1)}(t,t,1),$$
$$G(t) = \mathfrak{M}_{(2,1,0)}(t,1,1) - \mathfrak{M}_{(1,1,1)}(t,1,1)$$

は，$t > 0$ において正の値をとるはずであり[13]，特に，t のべきに着目すれば増大の様子がよく見えるはずである．例えば，$F(t)$ の場合には，$\mathfrak{M}_{(2,1,0)}(t,t,1)$ からの寄与が $\mathfrak{M}_{(1,1,1)}(t,t,1)$ の寄与を下回らない，すなわち，前者の t の最高べきが後者の t の最高べき以上でなければならないわけであり，現に，そうなっている．このような一見わかりきった注意をするのは，(3.7)(3.9)(3.10) の不等式を後に一般的な文脈で理解しようとするときに参考になるからである．そして，実は，§3.1 の数列たちはその副産物に過ぎないのである．

さて，指標 (a,b,c) の成分の和 $a+b+c$ を，この指標の長さということにする．長さ N の指標の全体を S_N と表そう．すなわち，S_N は，

$$a \geq b \geq c \geq 0, \quad a+b+c = N \tag{3.11}$$

であるような非負整数 a, b, c の組 (a,b,c) から成る集合である．

例 3.2.2 S_3 は長さ 3 の指標の全体であり，したがって，

$$S_3 = \{(3,0,0), (2,1,0), (1,1,1)\}$$

である．長さ 6 の指標の全体は

$$S_6 = \{(2,2,2), (3,2,1), (4,1,1), (3,3,0), (4,2,0), (5,1,0), (6,0,0)\}$$

である．

---

[13]実際に

$$F(t) = \frac{1}{3}t(t-1)^2, \quad G(t) = \frac{1}{3}(t-1)^2$$

だから，これは正しい．

3.2. 不等式の組織化

長さ N の指標を与えるのは難しいことではないから，その気になればいくらでも計算できる[14]．ちなみに，S_7 には 8 個，S_8 には 10 個，S_9 には 12 個，S_{10} には 14 個の（相異なる）指標が含まれる．実際，例えば，

$$S_8 = \{(3,3,2),\ (4,2,2),\ (4,3,1),\ (5,2,1),\ (4,4,0),\ (5,3,0),\\ (6,1,1),\ (6,2,0),\ (7,1,0),\ (8,0,0)\}$$

である．

問 3.2.2 一般に，S_N には何個の指標が含まれるであろうか考えよ[15]．

3.2.3 相加・相乗平均の不等式の一般化（定理 3.1）

不等式 (3.7)(3.9)(3.10) が属する一般的な文脈とはどうあるべきだろうか．

ミュアヘッド平均 $\mathfrak{M}_{(a,b,c)}(X,Y,Z)$ と $\mathfrak{M}_{(d,e,f)}(X,Y,Z)$ を，長さ N の指標 (a,b,c) 及び (d,e,f) に対して作ろう．このとき，$X > 0$, $Y > 0$, $Z > 0$ ならば

$$\mathfrak{M}_{(a,b,c)}(X,Y,Z) \geq \mathfrak{M}_{(d,e,f)}(X,Y,Z) \tag{3.12}$$

が成り立つか，という問題を考えよう．

まず，$X = Y = Z = t > 0$ の場合を考えると，(a,b,c) も (d,e,f) も同じ長さという条件は落とせない．また，$X = Y = t > 0$, $Z = 1$ の場合を考え，(3.11) を考慮すると，t の最高べきは，左辺は $a+b$, 右辺は $d+e$ である．$t \to \infty$ の際の両辺の増大度を比較すると，(3.12) が成り立つ限り，$a+b \geq d+e$ でなければならない．同様に，$X = t > 0$, $Y = Z = 1$ の場合を考えると，(3.12) が成立する限り，$a \geq d$ でなければならない．すなわち，(3.12) ならば，

$$a \geq d,\quad a+b \geq d+e,\quad (a,b,c) \in S_N,\quad (d,e,f) \in S_N, \tag{3.13}$$

が成り立たなければならないことがわかる．簡明のために，(3.13) が成り立つとき，

$$(a,b,c) \succ (d,e,f) \quad \text{または} \quad (d,e,f) \prec (a,b,c) \tag{3.14}$$

と表すことにしよう[16]．

---

[14] もちろん，手計算でできるが，生成するだけなら計算機を利用した方がよい．
[15] 次節 §3.3 参照．
[16] $\succ$ などはここだけの記号である．(3.14) を，指標 (a,b,c) は指標 (d,e,f) の上にある，または，(d,e,f) は (a,b,c) の下にある，と読むことにする．$\succ$ は $>$ と同様の性質を満たすが，少し違うところもある．詳しいことは後に述べる．

問 3.2.3 S_3 の要素について

$$(3,0,0) \succ (2,1,0), \quad (3,0,0) \succ (1,1,1), \quad (2,1,0) \succ (1,1,1) \tag{3.15}$$

の成立を確かめよ．

すると，不等式 (3.7)(3.9)(3.10) や上に述べたことから，次の定理を予想するのは当然と言ってよいだろう．

定理 3.1 [17] $(a,b,c), (d,e,f) \in S_N$ とする．$X > 0, Y > 0, Z > 0$ ならば，不等式 (3.12)，すなわち，

$$\mathfrak{M}_{(a,b,c)}(X,Y,Z) \geq \mathfrak{M}_{(d,e,f)}(X,Y,Z)$$

が成り立つための必要十分条件は，(3.14)，すなわち，

$$(a,b,c) \succ (d,e,f)$$

の成立である．

3.2.4　定理 3.1 の証明の完成

上で示したのは (3.12) の必要条件としての (3.14) の成立であった．(3.14) の十分性の証明が残っているわけである．

$N = 1$ ならば $S_1 = \{(1,0,0)\}$ だから (3.12) は自明な場合しかない．$N = 2$ ならば $S_2 = \{(2,0,0), (1,1,0)\}$ だから，(3.12) は

$$X^2 + Y^2 + Z^2 \geq XY + YZ + ZX$$

に他ならず，これは，$X > 0, Y > 0, Z > 0$ の限定を緩和しても成立する．$N = 3$ の場合は，上述の (3.7)(3.9)(3.10) である．

$N \geq 4$ の場合が残った．(3.14) が成り立ち，かつ，$(a,b,c) \neq (d,e,f)$ というのは，どういう場合だろうか．(3.13) によると，

$$a > d, \quad a + b \geq d + e, \quad a + b + c = d + e + f = N \tag{3.16}$$

か

$$a = d, \quad a + b > d + e, \quad a + b + c = d + e + f = N \tag{3.17}$$

---

[17] ミュアヘッドによる結果のごく一部に過ぎない．そのうち折があったら，文献 [2] を参照することを勧めたい．なお，この定理を試験などで利用することは避けるべきだろう．数学の専門家でも知らない人がいるかも知れないからである．

3.2. 不等式の組織化

のいずれかが成り立つはずである．どちらが扱いやすいだろうか．例えば，S_6 では，指数 $(4, 2, 0)$ と $(4, 1, 1)$ の場合に (3.17) が満たされている．(3.12) に相当する不等式は納得の行くものだろうか．

(3.17) を先に考えよう．(3.17) の第 2 の式から，$b = e + g, g > 0$ と書くことができる．第 3 の式によれば，$f = c + g$ とならなければならない．しかも，

$$a \geq e + g \geq c, \quad a \geq e \geq c + g, \quad 特に， e > c$$

が満たされなければならない．そうすると，

$$\mathfrak{M}_{(a,e+g,c)}(X, Y, Z) - \mathfrak{M}_{(a,e,c+g)}(X, Y, Z) = \frac{1}{6}\{Q_X + Q_Y + Q_Z\}$$

となるはずである[18]．ただし，多少整理して，

$$Q_X = X^a Y^c Z^c (Y^{e-c} - Z^{e-c})(Y^g - Z^g),$$
$$Q_Y = Y^a Z^c X^c (Z^{e-c} - X^{e-c})(Z^g - X^g),$$
$$Q_Z = Z^a X^c Y^c (X^{e-c} - Y^{e-c})(X^g - Y^g)$$

である．しかも，$Q_X, Q_Y, Q_Z \geq 0$ である．したがって，この場合，(3.12) が成り立つ．

(3.16)，すなわち，$a = d + g, g > 0$ の場合が残った．このときは，さらに，

$$b = c \tag{3.18}$$
$$b > c \tag{3.19}$$

と細分できる．(3.18) であれば，(3.16) の第 3 式から $f = c + g$ でなければならず，その上，$a \geq b \geq c$ と $d \geq e \geq f = c + g$ から $d > c$ が従うはずである．

問 3.2.4 以上を参考に，(3.16) (3.18) のときも (3.17) の場合とほぼ並行した議論ができることを確かめよ．つまり，この場合も，やはり (3.12) が成り立つのである．

最後に残ったのは，(3.16) (3.19)，すなわち，

$$a = d + g, b = e + h, g > 0, h > 0$$

---

[18] (3.16) の場合の扱いでも同じことだが，ここは，とにかく左辺を展開した式を書き出してみて，現れる項をじっと眺め，隠されている秘密を探り出すことから始めなければならない．しかし，今の場合，命題の当否さえ不明というわけではなく，必ずうまくいくと信じられるから，心理的にはずいぶん楽なはずである．

の場合である．このときは，$f = c + g + h$ が成り立たなければならない．しかも，$d + g \geq e + h \geq c$ 及び $d \geq e \geq c + g + h$ も成り立っており，特に，$d > h$ となるはずである．(3.18) の場合と同様に，差式

$$\mathfrak{M}_{(d+g,e+h,c)}(X,Y,Z) - \mathfrak{M}_{(d,e,c+g+h)}(X,Y,Z)$$

を計算するのだが，今までよりはやや複雑である．例えば，上式の展開中の項について

$$X^{d+g}Y^{e+h}Z^c - X^d Y^e Z^{c+g+h} = X^{d+g}Y^e Z^c(Y^h - Z^h) + X^d Y^e Z^{c+h}(X^g - Z^g)$$

といった変形をする．こういう項は 6 個ある．さらに整理すると，上の差式は（正数倍を除いて）

$$X^{d+g}Z^c(Y^e - Z^e)(Y^h - Z^h) \quad \text{とか} \quad Y^e Z^c(X^d Z^h - X^h Z^d)(X^g - Z^g)$$

といった項の和になる．$e > 0$, $d > h > 0$ だから，これらの項は正であり，したがって，この場合にも (3.12) の成立は直ちに了解されよう．

3.3 数列と不等式との関係

3.3.1 指標の間の上下関係（順序）

定理 3.1 が示すことは，ミュアヘッド平均に関する不等式は対応する指標の間の関係式に帰着するということである．そこで，改めて，長さ N の指標の全体 S_N の要素の間の $\succ$ または $\prec$ という関係について見直してみたい．まず，(3.11) (3.13) を想起してほしい．

以下では，$(a,b,c), (d,e,f), (g,h,i) \in S_N$ とする（つまり，これらは，皆，長さ N の指標であるとする）．

$$(a,b,c) \succ (a,b,c) \tag{3.20}$$

の成立は明らかだろう．つぎに，

$$(a,b,c) \succ (d,e,f), \quad (d,e,f) \succ (a,b,c) \quad \Rightarrow \quad (a,b,c) = (d,e,f) \tag{3.21}$$

がなりたつことに注意しよう．実際，第 1 式から $a \geq d$, $a + b \geq d + e$ が従い，第 2 式から $d \geq a$, $d + e \geq a + b$ が出てくる．(3.11) を念頭に置けば，$a = d, b = e, c = f$ となる．さらに，

$$(a,b,c) \succ (d,e,f), \quad (d,e,f) \succ (g,h,i) \quad \Rightarrow \quad (a,b,c) \succ (g,h,i) \tag{3.22}$$

も正しい．

3.3. 数列と不等式との関係

問 3.3.1 (3.22) の成立を確かめよ．

これらの性質[19]を知ることは，S_N の要素を $\succ$ に従って整理し直すときの無駄な手間を省く上でも有効である．例えば，先に S_3 の要素を (3.15) として並べてみせた．このうち，第 1 式と第 3 式が本質的で，第 2 式はわざわざ書くには及ばなかったものであった．

さて，S を S_N のいくつかの要素からなる集合とする（S は S_N の空ではない部分集合というわけである）．S の要素 (a,b,c) に対し $(d,e,f) \prec (a,b,c)$ となる S の要素は，実は，$(d,e,f) = (a,b,c)$ の場合に限るとき，S の中には (a,b,c) の下にある要素がないという意味で，(a,b,c) を S の最低要素と言おう．

最低要素は一つとは限らない．

例 3.3.1
$$S = \{(4,1,1),\ (3,3,0),\ (5,1,0),\ (6,0,0)\}$$
ならば，$(4,1,1)$ と $(3,3,0)$ は共に最低要素である．特に，
$$(4,1,1) \succ (3,3,0), \quad (3,3,0) \succ (4,1,1)$$
のいずれも成立しない，つまり，これらの 2 指標の間には**上下の関係がない**ということに注意してほしい．

もう 1 例計算しよう．

例 3.3.2
$$S = \{(7,7,1),\ (8,5,2),\ (9,3,3),\ (7,6,2),\ (8,4,3)\}$$
とする．$(7,6,2)$ は $(8,4,3)$ を除く S のどの要素よりも下にあるから，最低要素である．$(8,4,3)$ も最低要素である．実際，$(8,4,3)$ は $(7,6,2)$, $(7,7,1)$ とは上下の関係にはないが，その他の要素の下にあるからである．

一般に，S_N の最低要素は計算しやすい．$N = 3n$ と書けるときは (n,n,n) が最低である．$N = 3n+1$ ならば $(n+1,n,n)$，$N = 3n+2$ ならば $(n+1,n+1,n)$ である．なお，S_N の要素はすべて $(N,0,0)$ よりも下にあるので $(N,0,0)$ は最高要素といえる．

---

[19] (3.20)(3.21)(3.22) は，$\succ$ が数学概念の「順序関係」の定義を満たすということを意味する．

3.3.2 最低要素の系列

集合 S の最低要素の全体の集合を $\mathcal{B}(S)$ と書くことにしよう．$\mathcal{B}(S_N)$ は今計算した．$S_N \setminus \mathcal{B}(S_N)$ の最低要素を改めて計算すれば，これらの集合は $\mathcal{B}(S_N \setminus \mathcal{B}(S_N))$ となる．以下，同様に最低要素を計算しては次々と取り去って新たな集合を作り，さらに，最低要素を計算する，という手順を繰り返していくことにしよう．すなわち，

$\underline{S}_{N,1} = \mathcal{B}(S_N)$ を計算し，$S_{N,1} = S_N \setminus \underline{S}_{N,1}$ とおき，さらに，

$\underline{S}_{N,2} = \mathcal{B}(S_{N,1})$ を計算し，また，$S_{N,2} = S_N \setminus (\underline{S}_{N,1} \cup \underline{S}_{N,2})$ とおき，

$\underline{S}_{N,3} = \mathcal{B}(S_{N,2})$ を計算し，

と，この調子で進んでいこう．S_N の要素はもともと有限個しかないから，この操作はどこかで尽きるはずである．つまり，ある m で

$$S_{N,m} = S_N \setminus (\underline{S}_{N,1} \cup \cdots \cup \underline{S}_{N,m}) = \{(N,0,0)\}$$

となるはずである．$(N,0,0)$ は集合 $S_{N,m}$ の最低要素には違いないから，$\underline{S}_{N,m+1} = S_{N,m}$ とおくと，

$$\underline{S}_{N,1},\ \underline{S}_{N,2},\ \cdots,\ \underline{S}_{N,m},\ \underline{S}_{N,m+1}$$

という集合の列が得られる．$m+1$ は S_N の深さを表すと思われるが，それでよいであろうか．また，各 $\underline{S}_{N,k}$ は何個の要素からなるであろうか．

例 3.3.3 $N = 3$ なら $S_3 = \{(1,1,1),\ (2,1,0),\ (3,0,0)\}$ だから

$$\underline{S}_{3,1} = \{(1,1,1)\},\ \underline{S}_{3,2} = \{(2,1,0)\},\ \underline{S}_{3,3} = \{(3,0,0)\}$$

だから，$m+1 = 3$ である．

例 3.3.4 $N = 4$ のときは，

$$\underline{S}_{4,1} = \{(2,1,1)\},\ \underline{S}_{4,2} = \{(2,2,0)\},\ \underline{S}_{4,3} = \{(3,1,0)\},\ \underline{S}_{4,4} = \{(4,0,0)\}$$

となり，$m+1 = 4$ とわかる．

上の例では，いずれの $\underline{S}_{N,k}$ も1個の要素からなっている．しかし，これは当然ではない．

例 3.3.5 $N = 6$ のときは，

$$\underline{S}_{6,1} = \{(2,2,2)\},\ \underline{S}_{6,2} = \{(3,2,1)\}, \underline{S}_{6,3} = \{(4,1,1),\ (3,3,0)\},$$
$$\underline{S}_{6,4} = \{(4,2,0)\},\ \underline{S}_{6,5} = \{(5,1,0)\},\ \underline{S}_{6,6} = \{(6,0,0)\}$$

だから，$m+1 = 6$ ではあるが，$\underline{S}_{6,3}$ は2要素からなる．

3.3. 数列と不等式との関係

実は，§3.1 の数列において，第 N 行の左から k 番目の項 $a_{N,k}$ は，もともと，

$$a_{N,k} = \underline{S}_{N,k} \text{ の要素の個数}$$

によって計算したものであった．

注意 3.3.1 上の $\mathcal{B}(S)$ を計算する手続きをプログラムに書いて，$S = S_N$ から出発して S を一手続き毎に定義し直し，最終的に S が自明になるまで繰り返すことにより，N を指定さえすれば，$\underline{S}_{N,k}$ をすべて求めることができる[20]．特に，$m+1$ や $a_{N,k}$ は計算してみれば明らかになるというわけである．ただし，こういうプログラムが S_N の構造を全体として示唆するわけではない．事実，§3.1 では，$m+1 = N$ 及び $a_{N,k}$ の表現式を帰納することはできたが，理由となると皆目見当がつかなかった．また，多少とも問題の数学的理解が得られていれば計算機上での演算の実行の効率が大幅に向上することは，§3.4 に示す帰納式 (3.6) に基づいての数列の計算でも明らかである．

3.3.3 指標の系列の数学的構造

これからの課題は，まさに，$\underline{S}_{N,k}$ たちの具体的な数学的理解を得ることである．

まず，長さ N の指標の総数，つまり，集合 S_N の要素の個数 $\#(S_N)$ を調べる．うまく数えやすい部分を抜き出すことから始めよう．$k = 0, 1, 2, \cdots,$ に対し，第3成分が k である指標の集合を

$$S_N(k) = \{ (a,b,k) \, ; \, (a,b,k) \in S_N \}$$

とおく．

例 3.3.6 $N = 6, \ell = 1$ のとき，

$$S_6(0) = \{(3,3,0), (4,2,0), (5,1,0), (6,0,0)\}$$
$$S_6(1) = \{(3,2,1), (4,1,1)\}, S_6(2) = \{(2,2,2)\}$$

である．

一般に，$k \neq \ell$ ならば $S_N(k)$ と $S_N(\ell)$ とは共通部分がない．すでに示した通り，$k \leq [\frac{N}{3}]$ であり，

$$S_N\left(\left[\frac{N}{3}\right]\right) = \left\{\left(\left[\frac{N+2}{3}\right], \left[\frac{N+1}{3}\right], \left[\frac{N}{3}\right]\right)\right\}$$

---
[20] ただし，現実には手間が結構かかるので，プログラムは紹介しない．

である．一般に，$0 \leq k \leq [\frac{N}{3}]$ として $S_N(k)$ の最低要素は

$$\left(\left[\frac{N-k+1}{2}\right], \left[\frac{N-k}{2}\right], k\right)$$

である．また，$S_N(k)$ の最高要素は $(N-2k, k, k)$ である．しかも，$S_N(k)$ の要素は第3成分が一定 k だから，その任意の二つの要素の間には必ず上下の関係がある．したがって，第1成分を数え上げればよいから，$S_N(k)$ には[21]

$$q_N(k) = N - 2k - \left[\frac{N-k+1}{2}\right] + 1$$

個の要素があることがわかる．ゆえに，次の補題を得る．

補題 3.3.1 S_N の要素の個数は

$$\#(S_N) = \sum_{k=0}^{[\frac{N}{3}]} q_N(k) = \begin{cases} 3\ell^2 + 3\ell + 1, & N = 6\ell, \\ 3\ell^2 + 4\ell + 1, & N = 6\ell + 1, \\ 3\ell^2 + 5\ell + 2, & N = 6\ell + 2, \\ 3\ell^2 + 6\ell + 3, & N = 6\ell + 3, \\ 3\ell^2 + 7\ell + 4, & N = 6\ell + 4, \\ 3\ell^2 + 8\ell + 5, & N = 6\ell + 5 \end{cases} \tag{3.23}$$

である．

上式が正しいこと，また，§3.1 や §3.4 の数列[22]によって確かにこうなっていることを検証してほしい．なお，第3辺を N によって書き直すことも試みてほしい．

3.3.4 S_N の指標たちの上下関係

$S_N(k-1)$ と $S_N(k)$ の指標たちの上下関係を丹念に観察しよう．

$k = 1, \cdots, [\frac{N}{3}]$ に対し，$S_N(k-1)$ の最低要素 $([\frac{N-k}{2}]+1, [\frac{N-k+1}{2}], k-1)$ は常に $S_N(k)$ の最低要素の上にあり，さらに，$N-k$ が偶数のときは最低要素の一つ上の

---

[21]容易にわかるように，

$$q_N(k-1) - q_N(k) = \begin{cases} 1, & N-k \text{ は偶数} \\ 2, & N-k \text{ は奇数} \end{cases} \quad k = 1, \cdots, \left[\frac{N}{3}\right]$$

である．

[22]$\#(S_N) = \sum_{k=1}^{N} a_{N,k}$ である．

3.3. 数列と不等式との関係

$S_N(k)$ の要素よりも上にある．しかも，$q_N(k-1) \leq 3$ ならば $S_N(k-1)$ の最低要素は $S_N(k)$ の最高要素の上にあるが，$q_N(k-1) \geq 4$ ならば $S_N(k-1)$ の最低要素と $S_N(k)$ の最高要素の間に上下の関係はない．また，このとき，$S_N(k-1)$ の上から $q(\geq 4)$ 番目の指標は $S_N(k)$ の上から $q-3$ 番目までの指標とは上下の関係はないが，$q-2$ 番目の指標よりは上にある．

$S_N(k)$ の要素から見れば，上から q 番目の要素 $(N-2k-q+1, k+q-1, k)$ に対して上下の関係にない $S_N(k-1)$ の要素で最低のものは，上から $q+3$ 番目の要素 $(N-2k-q, k+q+1, k-1)$ である．ここで，$N-k$ が偶数ならば，$q \geq q_N(k)-2$ とし，$N-k$ が奇数ならば，$q \geq q_N(k)-1$ とする．すなわち，$N-k$ が偶数ならば，$q_N(k) \geq 3$ として，$S_N(k)$ の最低要素とその一つ上の要素は $S_N(k-1)$ のすべての要素の下にある．また，$N-k$ が奇数のときは，$q_N(k) \geq 2$ として，$S_N(k)$ の要素には，最低要素を除いて，必ず $S_N(k-1)$ に上下の関係にない要素がある．

$N \geq 6$ としよう[23]．$N - \left[\frac{N}{3}\right]$ が偶数ならば

$$q_N\left(\left[\frac{N}{3}\right]\right) = 1, \quad q_N\left(\left[\frac{N}{3}\right]-1\right) = 2, \quad q_N\left(\left[\frac{N}{3}\right]-2\right) = 4$$

であり，$S_N([\frac{N}{3}]-1)$ の最高要素は $S_N([\frac{N}{3}]-2)$ の最低要素と上下の関係にはない．$N - [\frac{N}{3}]$ が奇数ならば

$$q_N\left(\left[\frac{N}{3}\right]\right) = 1, \quad q_N\left(\left[\frac{N}{3}\right]-1\right) = 3, \quad q_N\left(\left[\frac{N}{3}\right]-2\right) = 4$$

であって，このときも，$S_N([\frac{N}{3}]-1)$ の最高要素だけが $S_N([\frac{N}{3}]-2)$ の最低要素と上下の関係にはない．

別の極端な場合として，$S_N(0)$ と $S_N(1)$ とを比べよう．N が奇数（≥ 7）ならば

$$q_N(0) = \frac{N+1}{2}, \quad q_N(1) = \frac{N-1}{2}$$

であり，このときは，$S_N(1)$ の（最低要素とその一つ上の要素を除外して）上から $\frac{N-5}{2}$ 番目までの要素に対して $S_N(0)$ の上から 4 番目以下の要素が上下の関係のないものとして対応する．他方，N が偶数（≥ 6）ならば

$$q_N(0) = \frac{N}{2}+1, \quad q_N(1) = \frac{N}{2}-1$$

であり，$S_N(1)$ の最低要素を除いた残り $\frac{N}{2}-2$ 個の要素に対し $S_N(0)$ の 4 番目以下の要素から上下の関係にないものが見つかる．

---

[23] $N \leq 5$ ならば $q_N(k) \leq 3$ であって，S_N の深さが N，各 $\underline{S}_{N,k}$ の要素の個数が 1 であることは自明である．

3.3.5 §3.1 の数列の正体

以上から,例えば,$N = 6\ell$ とすれば,次の構造が見える.

$S_{6\ell}(0)$ の要素のうち,上から 3 個は他の $S_{6\ell}(k)$, $k \geq 1$ のどの要素よりも上にあり,残りの $q_{6\ell}(0) - 3 = 3\ell - 2$ 個の要素には $S_{6\ell}(1)$ の要素に上下の関係にないものがある.以下,$S_{6\ell}(2k-1)$, $k = 1, \cdots, \ell$ では,$S_{6\ell}(2k-2)$ のどの要素よりも下にある要素はただ 1 個であり,$S_{6\ell}(2k)$, $k = 1, \cdots, \ell - 1$ では $S_{6\ell}(2k-1)$ のどの要素よりも下にある要素は 2 個である.$S_{6\ell}(2\ell)$ の要素は,$S_{6\ell}$ 全体の最低要素である.

そこで,$S_{6\ell}(k-1)$ のどの要素よりも下にある $S_{6\ell}(k)$ の要素の個数を k について加え合わせるには,$\ell - 1$ 個の 2 [$S_{6\ell}(2k)$ たちに応じて], ℓ 個の 1 [$S_{6\ell}(2k-1)$ たちに応じて] に,さらに,1 を 1 個 [$S_{6\ell}(2\ell)$ から] 加えた和を作ればよい.したがって,

$$2 + \cdots + 2 + 1 + \cdots + 1 + 1 = 2(\ell - 1) + \ell + 1 = 3\ell - 1$$

となる.これに,$S_{6\ell}(0)$ の要素の個数 $q_{6\ell}(0) = 3\ell + 1$ を加えると,

$$(3\ell + 1) + (3\ell - 1) = 6\ell$$

となる.

全く同様の構造は,$N = 6\ell + 1, \cdots, 6\ell + 5$ の場合にも観察される.

この考察を反省してみると,

$$a_k = a_{k-1} + 1, \quad b_k = b_{k-1} - 2$$

を満たす $(a_{k-1}, b_{k-1}, k-1) \in S_N(k-1)$ と $(a_k, b_k, k) \in S_N(k)$ とには上下の関係がないにもかかわらず,ひとまとめに論ずべき特徴がある.a_k も b_k も等差数列をなすように見える.事実,それぞれ初項を a, b として,

$$a_k = a + k, \quad b_k = b - 2k, \quad k = 0, 1, 2, \cdots$$

と表せるであろう.しかし,他にも

$$a_k \geq b_k \geq k, \quad a_{k-1} \geq b_{k-1} \geq k - 1,$$
$$a_{k-1} + b_{k-1} + k - 1 = a_k + b_k + k = N$$

という条件を満たさなければならないから,等差数列を計算しても考慮すべき項を改めて選び出さなければならない.特に,$b = N - a$ でなければならない.そこで,a は後で決めるとして,

$$S_N^*(a) = \{ (a+k, N-a-2k, k) \in S_N \,;\, k = 0, 1, 2, \cdots \}$$

3.3. 数列と不等式との関係

とおこう[24]．なお，

$$a+k \geq N-a-2k \geq k, \quad 0 \leq k \leq \left[\frac{N}{3}\right]$$

より，$N \geq a \geq 0$ である．

補題 3.3.2 $S_N^*(0)$ は $N=3\ell$ のとき以外は空集合であり，そのときは，$S_N^*(1)$ が空集合になる．特に，$S_N^*(a)$ たちは N 個を超えない．

実際，$(\ell, N-2\ell, \ell) \in S_N$ とすると，

$$\ell \geq N-2\ell \geq \ell \quad \text{すなわち} \quad N=3\ell$$

である．このとき，$(1+k, 3\ell-1-2k, k) \in S_{3\ell}$ とすると，

$$1+k \geq 3\ell-1-2k \geq k \quad \text{すなわち} \quad 2+3k \geq 3\ell \geq 1+3k$$

とならなければならないはずである．しかし，このような自然数 k は存在しない．

$S_N^*(a)$ たちの例を挙げよう．

例 3.3.7 $N=7$ とする．

$$S_7^*(7) = \{(7,0,0)\},\ S_7^*(6) = \{(6,1,0)\},\ S_7^*(5) = \{(5,2,0)\},$$
$$S_7^*(4) = \{(4,3,0),\ (5,1,1)\},$$
$$S_7^*(3) = \{(4,2,1)\},\ S_7^*(2) = \{(3,3,1)\},\ S_7^*(1) = \{(3,2,2)\}$$

となる．実際，先の考察で数え上げていたのは，このようにまとめた集合 $S_N^*(a)$ たちの個数に相当するものであった．

さて，$S_N^*(a)$ と $S_N^*(a')$ とは $a \neq a'$ ならば共通部分はない．特に，$a > a'$ ならば $S_N^*(a')$ の要素には $S_N^*(a)$ の要素の上にあるものはない．実際，

$$(a'+k', N-a'-2k', k') \succ (a+k, N-a-2k, k), \quad a > a'$$

が成立したとすると，$a'+k' \geq a+k$，$N-k' \geq N-k$ であるはずだから，$k \geq k'$ となる．したがって，$a'+k' \geq a+k \geq a+k'$ より $a \geq a'$ となってしまう．

問 3.3.2 $0 \leq k \leq \left[\frac{N}{3}\right]$ とする．$N=3\ell$ ならば $\left[\frac{N-k+1}{2}\right] \geq k$ であり，$N=3\ell+1$ または $N=3\ell+2$ ならば $\left[\frac{N-k+1}{2}\right] \geq k+1$ である[25]．

---
[24] $S_N^*(a)$ の要素の個数は集合を定義する条件式を満たすものの個数である．なお，このように条件式が明確なものは N と a を与えさえすれば計算機上で簡単に生成できる．
[25] ヒント：$\left[\frac{N}{3}\right] = \ell$ である．

以上により，次の成立がわかる．

補題 3.3.3 $N = 1, 2, \cdots,$ とする．このとき，

$$S_N = \bigcup_{n=0}^{N} S_N^*(n)$$

がなりたつ．ただし，$S_N^*(0)$ または $S_N^*(1)$ が空集合の場合も含む．

なお，$S_N(k)$ の要素の数の評価により $N \geq 4$ かつ $n \geq 2$ ならば $S_N^*(n)$ が空ではないことがわかる．したがって，空ではない $S_N^*(n)$ たちは確かに N 個ある．

$n = 0, 1, \cdots, N$ に対して，$S_N^*(n)$ の要素の個数 $\# S_N^*(n)$ を求めよう．すなわち，

$$\frac{N-n}{3} \geq k \geq \frac{N-2n}{3}, \quad k \geq 0$$

となる k を数え挙げればよい（なぜか）．したがって，可能な k の最大値から可能な k の最小値を引いて 1 を加えれば，

$$\# S_N^*(n) = \begin{cases} \left[\dfrac{N-n}{3}\right] + 1, & N \leq 2n, \\[2mm] \left[\dfrac{N-n}{3}\right] - \left[\dfrac{N-2n-1}{3}\right], & N > 2n \end{cases} \tag{3.24}$$

が得られる．$n = 0, 1$ に対して，$\# S_N(n)$ も $N = 3\ell, 3\ell+1, 3\ell+2$ と場合分けすれば，容易に計算できる．すなわち，右辺は (3.6) の右辺と一致している．

結局，次の命題が示された．

命題 3.2 $N \geq 1$ とする．

$$\underline{S}_{N,1} = \begin{cases} S_N^*(0), & N \text{ が 3 の倍数} \\ S_N^*(1), & \text{その他} \end{cases}, \quad \underline{S}_{N,k} = S_N^*(n), \, n = 2, \cdots, N \tag{3.25}$$

が成立する．

以上により，S_N の深さは確かに N であり，§3.1 の数列 $a_{N,n}$, $n = 1, \cdots, N$ の正体も完全にわかった．

3.4 数式処理ソフトによる数列の計算

3.4.1 プロシデュア

§3.1 の (3.6) にしたがって，$a_{N,n}$ を生成する Maple のプロシデュア a を下に掲げる．N が 3 の倍数で $n=1$ の場合も含めるために，(3.24) に近い形の補正を施してある．ここでは Maple の解説をすることは本意ではないが，このプロシデュアは次のように働く．

まず，正の整数 N, n が与えられると，N を 3 で割った余りが 0 のときは $n=1$ ならば $v=n-1$ とおき，$n>1$ ならば $v=n$ とする．N を 3 で割った余りが 0 でないときも $v=n$ とする．次に，$v \geq N/2$ ならば $N-v$ を 3 で割った商に 1 を加えたものを計算し，それを u とおく．$v < N/2$ ならば $N-v$ を 3 で割った商から $N-2v-1$ を 3 で割った商を引いたものを計算し，それを u とおく．最後に，u の値を出力する．

$$a := \mathbf{proc}(N::posint,\ n::posint)$$
$$\mathbf{local}\ u,\ v;$$
$$\quad \mathbf{if}\ \mathrm{irem}(N,\ 3) = 0\ \mathbf{then}$$
$$\quad\quad \mathbf{if}\ n = 1\ \mathbf{then}\ v := n-1\ \ \mathbf{else}\ v := n\ \mathbf{end\ if}$$
$$\quad \mathbf{else}\ v := n$$
$$\quad \mathbf{end\ if};$$
$$\quad \mathbf{if}\ 1/2 * N \leq v\ \mathbf{then}\ u := \mathrm{iquo}(N-v,\ 3) + 1$$
$$\quad \mathbf{else}\ u := \mathrm{iquo}(N-v,\ 3) - \mathrm{iquo}(N-2*v-1,\ 3)$$
$$\quad \mathbf{end\ if};$$
$$\quad u$$
$$\mathbf{end\ proc}$$

したがって，§3.1 の第 N 番目の数列を出力するプロシデュア s はつぎの通りになる：
$$s := \mathbf{proc}(N::posint)\ \mathbf{local}\ n;\ \mathrm{seq}(\mathrm{a}(N,\ n),\ n=1..N)\ \mathbf{end\ proc}$$

3.4.2 出力例

次に，計算例として，§3.1 の数列を 25 行目まで示す．

$$1$$
$$1,\ 1$$
$$1,\ 1,\ 1$$
$$1,\ 1,\ 1,\ 1$$

$$1, 1, 1, 1, 1$$
$$1, 1, 2, 1, 1, 1$$
$$1, 1, 1, 2, 1, 1, 1$$
$$1, 1, 1, 2, 2, 1, 1, 1$$
$$1, 1, 2, 1, 2, 2, 1, 1, 1$$
$$1, 1, 1, 2, 2, 2, 2, 1, 1, 1$$
$$1, 1, 1, 2, 2, 2, 2, 2, 1, 1, 1$$
$$1, 1, 2, 1, 2, 3, 2, 2, 2, 1, 1, 1$$
$$1, 1, 1, 2, 2, 2, 3, 2, 2, 2, 1, 1, 1$$
$$1, 1, 1, 2, 2, 2, 3, 3, 2, 2, 2, 1, 1, 1$$
$$1, 1, 2, 1, 2, 3, 2, 3, 3, 2, 2, 2, 1, 1, 1$$
$$1, 1, 1, 2, 2, 2, 3, 3, 3, 3, 2, 2, 2, 1, 1, 1$$
$$1, 1, 1, 2, 2, 2, 3, 3, 3, 3, 3, 2, 2, 2, 1, 1, 1$$
$$1, 1, 2, 1, 2, 3, 2, 3, 4, 3, 3, 3, 2, 2, 2, 1, 1, 1$$
$$1, 1, 1, 2, 2, 2, 3, 3, 3, 4, 3, 3, 3, 2, 2, 2, 1, 1, 1$$
$$1, 1, 1, 2, 2, 2, 3, 3, 3, 4, 4, 3, 3, 3, 2, 2, 2, 1, 1, 1$$
$$1, 1, 2, 1, 2, 3, 2, 3, 4, 3, 4, 4, 3, 3, 3, 2, 2, 2, 1, 1, 1$$
$$1, 1, 1, 2, 2, 2, 3, 3, 3, 4, 4, 4, 4, 3, 3, 3, 2, 2, 2, 1, 1, 1$$
$$1, 1, 1, 2, 2, 2, 3, 3, 3, 4, 4, 4, 4, 4, 3, 3, 3, 2, 2, 2, 1, 1, 1$$
$$1, 1, 2, 1, 2, 3, 2, 3, 4, 3, 4, 5, 4, 4, 4, 3, 3, 3, 2, 2, 2, 1, 1, 1$$
$$1, 1, 1, 2, 2, 2, 3, 3, 3, 4, 4, 4, 5, 4, 4, 4, 3, 3, 3, 2, 2, 2, 1, 1, 1$$

最後に，$N = 100$ の場合の数列を与えよう．

$\text{s}(100) = (1, 1, 1, 2, 2, 2, 3, 3, 3, 4, 4, 4, 5, 5, 5, 6, 6, 6, 7, 7, 7, 8, 8, 8, 9, 9, 9,$
$10, 10, 10, 11, 11, 11, 12, 12, 12, 13, 13, 13, 14, 14, 14, 15, 15, 15,$
$16, 16, 16, 17, 17, 17, 17, 16, 16, 16, 15, 15, 15, 14, 14, 14,$
$13, 13, 13, 12, 12, 12, 11, 11, 11, 10, 10, 10, 9,$
$9, 9, 8, 8, 8, 7, 7, 7, 6, 6, 6, 5, 5, 5, 4,$
$4, 4, 3, 3, 3, 2, 2, 2, 1, 1, 1)$

付録A 数学文書で多用される字体

A.1 ギリシア文字

ギリシア文字は数学における符牒としてよく用いられる．それこそユークリッド以来の伝統によることかも知れない．もっとも，細かい数学的議論を重ねようとすると，記号が足りなくなりかねない．そこで，添え数をつけたり，斜体にしたり，ドイツ文字やギリシア文字を使うのである．

ここに，ギリシア文字の簡便な表を付すゆえんである．

小文字

α	alpha	アルファ	β	beta	ベータ	γ	gamma	ガンマ
δ	delta	デルタ	ϵ	epsilon	エプシロン	ζ	zeta	ゼータ
η	eta	エータ	θ	theta	テータ*	ι	iota	イオタ
κ	kappa	カッパ	λ	lambda	ラムダ	μ	mu	ミュー
ν	nu	ニュー	ξ	xi	クシー*	o	omikron	オミクロン
π	pi	ピー*	ρ	rho	ロー	σ	sigma	シグマ
τ	tau	タウ	υ	upsilon	ウプシロン	ϕ	phi	フィー*
χ	khi	キー*	ψ	psi	プシー*	ω	omega	オメガ

注意 A.1.1 ギリシア文字は英語経由で借用されたので英語風の読みが定着しているものが多い．上の読みに * を付したものがそういう例である．特に，π, χ はパイ，カイと読まれるのが普通である．θ もシータと読まれることが多い．素粒子論関係の報道で，ξ がグザイ，ϕ, ψ がそれぞれファイ，プサイと読まれる例に遭遇した人も多いであろう．なお，o はギリシア文字として使われることは，少なくとも数学記号としては，ない．

若干の異体字

$$\varepsilon \ (=\epsilon) \quad \vartheta \ (=\theta) \quad \varpi \ (=\pi)$$
$$\varrho \ (=\rho) \quad \varsigma \ (=\sigma) \quad \varphi \ (=\phi)$$

若干の大文字　ギリシア文字の大文字でよく使われるものを挙げる：

$$\begin{array}{lll} \Gamma \;\; \gamma\text{の大文字} & \Delta \;\; \delta\text{の大文字} & \Theta \;\; \theta\text{の大文字} \\ \Lambda \;\; \lambda\text{の大文字} & \Pi \;\; \pi\text{の大文字} & \Sigma \;\; \sigma\text{の大文字} \\ \Phi \;\; \phi\text{の大文字} & \Psi \;\; \psi\text{の大文字} & \Omega \;\; \omega\text{の大文字} \end{array}$$

A.2　Euler Fraktur とアルファベット

数学記号として多用されている，いわゆるドイツ花文字の一種である Euler Fraktur と通常のアルファベットを対照する．

まず，大文字（upper case）を示す：

$$\begin{array}{ccccccccccccc} A & B & C & D & E & F & G & H & I & J & K & L & M \\ \mathfrak{A} & \mathfrak{B} & \mathfrak{C} & \mathfrak{D} & \mathfrak{E} & \mathfrak{F} & \mathfrak{G} & \mathfrak{H} & \mathfrak{I} & \mathfrak{J} & \mathfrak{K} & \mathfrak{L} & \mathfrak{M} \end{array}$$

$$\begin{array}{ccccccccccccc} N & O & P & Q & R & S & T & U & V & W & X & Y & Z \\ \mathfrak{N} & \mathfrak{O} & \mathfrak{P} & \mathfrak{Q} & \mathfrak{R} & \mathfrak{S} & \mathfrak{T} & \mathfrak{U} & \mathfrak{V} & \mathfrak{W} & \mathfrak{X} & \mathfrak{Y} & \mathfrak{Z} \end{array}$$

小文字（lower case）は次の通り：

$$\begin{array}{ccccccccccccc} a & b & c & d & e & f & g & h & i & j & k & l & m \\ \mathfrak{a} & \mathfrak{b} & \mathfrak{c} & \mathfrak{d} & \mathfrak{e} & \mathfrak{f} & \mathfrak{g} & \mathfrak{h} & \mathfrak{i} & \mathfrak{j} & \mathfrak{k} & \mathfrak{l} & \mathfrak{m} \end{array}$$

$$\begin{array}{ccccccccccccc} n & o & p & q & r & s & t & u & v & w & x & y & z \\ \mathfrak{n} & \mathfrak{o} & \mathfrak{p} & \mathfrak{q} & \mathfrak{r} & \mathfrak{s} & \mathfrak{t} & \mathfrak{u} & \mathfrak{v} & \mathfrak{w} & \mathfrak{x} & \mathfrak{y} & \mathfrak{z} \end{array}$$

これらの筆記体は，最近のドイツ語の教科書には見られないようで，少し古いドイツ語の教科書を参照するか，しっかりしたドイツ語の辞書をご覧いただきたい．数学文献は多数の記号を必要とするが，ラテン文字，ギリシア文字かその変形までが主に利用される．Euler Fraktur は一例である．筆記体も知っていたほうがよいという所以である．なお，漢字やキリル文字（ロシア語）などの用例がないわけではないが，例外的である．

付録B　日本語力を高めてほしい

B.1　理系・文系の幻想

　本節は，(本書のもととなった) 大学説明会の模擬セミナーと直接関わってはいない．しかし，本書周辺に来られる皆さんは，俗にいう「理系」の志望者が多いと思うので一言．

　10代半ば過ぎという諸君が，この年齢では，まだ知的にはほとんど何も経験していないというのに等しい段階なのに，自らを無理矢理「理系」とか「文系」とかに分類しなければならないのは不幸なことである．このような区分けは，人間の「総合性」からは本来不可能であるし，そもそも「人生」の意味の把握の上で，適当なこととは思われない[1]．もし，一時の感覚的な好き嫌いや関係者の手間暇惜しみが理由でなければ幸いである．大体,「数学」ができないから「文系」なら成功するかもしれない，とか,「国語」ができないから「理系」という選択は，寂しいことではないだろうか[2]．

　現に，数学科を始めとする理系の学科の授業も日本語で行われている．特に，重要な概念やアイデアの的確な説明や理解をすることは，日本語を正確かつ微妙に使いこなせなかったら，できない相談というべきである．論文を適切に読み切ること，報告書を明快明晰に書き上げること，研究結果を要領よく正確に述べること，いずれも日本語の練達が要求されることである．したがって，このような目的に相応しい言葉づかいや文章の書き方について意識して自分を常に訓練しなければならない．**諸君が，漠然と，自分は何もしなくても日本語ができる，と思い込んでいるとしたら，それは大間違いだと知ってほしい**．

　英語があるって？　他人の仕事を理解し，自らの成果を広く説明することができるのは言葉の力である．英語だろうが日本語だろうが，思考力の基礎は共通である．そもそも諸君の英語力は，日本語力がもとになって形作られるのだと言ってよい．その上，主

---

[1]実は,「理系」とか「文系」ということを，冗談とは思えない態度で話題にするのは，日本，それも最近の日本だけの傾向のように思われる．今の日本の社会が「子供っぽい」ものであることの反映かもしれない．

[2]とは言え，便宜上の必要性はあるだろう．就職を考えてというのも，立派で健全な態度である．また，やむにやまれぬ勉強したいという気持から，という人には，その覚悟を高く評価したい．しかし,「理系人間」とか「文系人間」というような分類を信じ込み,「何とか系」だけの科目を学べば事足りると考えるのは愚かなことである．われわれはそんな安易な世界に生きているわけではないし，何度も繰り返すが，そもそも人間は総合的なものである．

張とか思想の根幹は，まず日本語でないと形作れないもの[3]である．しかも，今日，「理系」卒業者も企業や官庁・大学の研究室に篭っているだけでなく，ますます適切な社会的行動が要求されるようになっている．この際には，技術情報の処理に留まらない総合的な日本語力が鍵になるのである．試みに，工学部の説明会に行った友人に尋ねてみたまえ．きっと，今や工学部卒業生には経済や社会の知識，強い倫理感が問われている，という説明があったと答えるだろう．

B.2 日本語力を高めるための提案

そこで，日本語力を高めるにはどうしたらいいか，筆者のささやかな提案を二三付け加えたい．

B.2.1 日本語の公共性を自覚すること

言葉には，使用に際して，時と場合というものがある．特に，根幹部分は，時間的，空間的な文化共同体を支持する公共性がある．したがって，尊重すべき作法があり，それを学ばなければならない．作法には，挨拶の仕方，手紙の書き方，会話の受け応えといった社会生活上の，いわば，身近な空間的広がりに対応するものだけではなく，先人の知恵を借り，あるいは後世の人に伝える時間的な広がりに対応するものもある．また，未知の人との知的交渉などの非日常的な時空的広がりに対応するものもある．

B.2.2 記述すべき内容を的確に掌握すること

われわれの関心は，何かを伝達したいという意志が前提になる言葉の使用である．これらの言語行為の基礎は，対象内容の全体像の正確な把握である．特に，把握内容をあらかじめ十分に展開し，言語行為の結果を予測しておくことは極めて重要である．この過程のいたるところで鍵になるのは豊かな想像力である．対象の全体像が正確に把握できたかどうかの検証は想像力の駆使に懸かっていると言えるだろう．

---

[3]もちろん，最初から全部高度の英語で考えられるというのなら何も言わない．しかし，日本で生まれて暮らし，日本語を日常的に使いながら，英語国における高度の英語教育を経ずに，それができると考えることには，はっきり言って，根本的な無理がある．

B.2.3　伝達の相手を正しく理解すること

　伝達に際しての適切な表現の実現には，対象内容の正確な把握だけでは不十分である．何よりも伝達の相手に関する理解が先行する．内容が言語表現を通じて意図したように間違いなく相手に伝わるためには，相手が何を期待しているか，何を知り，何を知らないかの想定に応じて，最適な用語や語法の選択，表現手段の特定などの技術的な側面を解決する必要がある．

B.2.4　自己訓練を怠らないこと

　最後に残るのは，言語技術の習得及び研鑽である．基本的には，習うことであり，結局，先人や達人を真似ることから始めるしかない．書物を読むこと，それも定評のあるものを読みぬくことは勧められる．よく準備された講演の録音や録画を研究するのもよい．発表力を養うには，きちんとした文章で日記を書いたり，何かテーマを決めて，仮想的な報告を毎日書いたりすることは有効だろう．言語活動の総合性という意味では，戯曲台本も面白そうである．とにかく，皆さんのひとりひとりに適したスタイルを見つけるまで，いろいろと試行錯誤を続けてほしい．

付録C　文献について

文献の多くは，本文中では，脚注に示した．

数学の水準としては，基本的に高等学校の教科書で済むはずである．しかし，ここで述べられなかったことや，言及のみの話題については，しかるべき書物での補いをお勧めすべきだろう．例えば，小平 [4] は第2章で何度も挙げた．前原 [5] も楽しい本である．必ずしも最新の内容でなくてもよいが，やや程度が高そうな専門的な数学書に目を通して，何か感動を覚えることがあったら，（数学を，対象として，あるいは，積極的な道具として）数学との間によい関係の付き合いが成り立つような人生を考えることができるだろう．問題は，このような書物との遭遇である．高等学校の図書室には大学の初級の教科書 — 大体において定評ある書物 — が備えられていることが多い．（数学の）先生に相談するのはよい方法だと思う．

なお，第3章で挙げたハーディらの書物 [2] は，初版が世に出てすでに70年，第2版からも半世紀になる．今でもペーパーバック化されて出版が続いており，入手は難しくはない．不等式は，例えば，第2章でも付帯条件 (2.13) (2.14) として論じたように，数学的な話題では避けて通れないものである．しかし，不等式は，個々のものが醸し出す特徴からか，個別的な印象が強く，体系的な取り扱いは難しそうに見える．[2] は，不等式についての体系的な試みを最初に行ってみせた書物である．初版が出版された時期は，「位相」という概念によって数学全体の再編が一段落した頃であった．著者たちは，いわば「革命」の第2世代に属する人たちであるが，抽象的な位相という概念を具体化することが本質的に不等式の扱いになることを痛感していたに違いない．不等式の研究は，さまざまな形で，現在も盛んに行われている．最終章の拡張として関数解析，応用解析の数多くの基礎的な不等式が得られているように，数学的関心の対象の拡大につれ，[2] の到達点の延長上に本質的な仕事の余地が次々と露呈するのである[1]．

第1章，第2章の関連では，最近，和算書をCD化したものが出版された（奥村 [8]）．数理神篇 [15] も含まれている．行き掛かり上，本書では和算について大分言及した（上

---

[1] [2] の邦訳が最近出た（筆者は不精故か未見）．刊行後半世紀を経，しかも新たな翻訳という性質上，学術的価値のための不可欠な作業 — 最近までの厖大な不等式研究の成果の注記 — は大変であったろう．最終的には，いくつかのデータベースの引用で十分なのだろうが．

掲のものの他，例えば，小倉 [6], 佐藤 [9], 細井 [3], 王 [10]）．ただ，筆者の基本的立場は，考古学的興味に近いもので，その内容は本書から推察されたい (§1.4 および §2.2.1. したがって，読者はこれらの文献に必ず目を通すべきだとしてお勧めしているわけではない．第 1, [15] は [8] で流用するとしても，[3] は，まず，見つかるまい．筆者が見ることができたのも，旧制福岡高等学校の蔵書が九州大学の図書館に残っていたからである)．また，日本人と「数」との付き合いそのものについては伊達 [1] をご覧いただきたい[2]．

今日の数学は，その主流の淵源がギリシア（あるいはむしろバビロニア）に遡ると考えられている．背景を，高野 [12] に探り，吉田 [18] によってインド風の味付けを試みられよ．その東漸の様子を文化面に探ったものとして，横地 [16] は興味深い．斑鳩から先の一端については，田中 [13], 柳 [14] から，かつての大棟梁たちが，総合技術者として，緻密な計算と広大な視野のもとで，固有の美意識を活かしつつ，今日まで残る仕事をしてきたことがわかる[3]．

付録 B で，柄にもなく，日本語力に言及した．最近，日本語力の強化を趣旨とする書物が増えているようだが，ここでは，総合性を考慮して，大野・森本・鈴木 [7] を挙げておこう．特に，同書 pp.38–39 の大野晋氏の発言

> 物をよく見て構造的に体系的に考えをまとめるという習慣を養わない限り，日本人はこれからの世界を生きて行けない．一瞬の美を感じて和歌や俳句を作っているだけでは間に合わない．行政でも会社運営でも，事実，真実に対して謙虚に論理的に見抜く習慣を養わないと駄目だ

は大変重い．やや敷衍すると，日本人は，（現代をも含め）伝統的に感情の豊かな表出に長け，詠嘆的な言語観のもとで暮らしてきているが，しかし，この言語観の偏りにはこれからの世界で生き抜く上で難があり，したがって，日本人の喫緊の課題は，対象の本質を論理的に洞察し，かつ得られた判断に基づいての合理的な行動が保証されるように言語観 — 実は，ものごとへの接し方 — を育てていくことである，ということになろう．ただ，このような重要な指摘をされた大野氏の場合でも，氏の近年の日本語系統論は冷徹な論理よりも奔放な感情に支配されてきたように見える．一般の日本人にとっては，意識の上でも実践の上でも，まだまだ試行錯誤が避けられまい．「習慣を養」うことは一朝一夕にできることではなさそうである．しかし，曙光も差している．言語の系統論についての吉田知行氏の数学的な解説 [17] をご覧いただきたい．

---

[2][1] には，第 2 章脚注 15 で筆者がひそかに疑った和算とキリシタンとの関わりについて踏み込んだ見解が述べられている．なお，和算を含む日本数学史一般については，小川束氏（四日市大学）のホームページ (http://www.tcp-ip.or.jp/~hom/) に詳しい．

[3]特に，[14] には，日本の比例原理としては，黄金比 $\frac{\sqrt{5}+1}{2}$ 以前に，長い間，平方根 $\sqrt{2}$ が採られていたことが，具体的な解析によって述べられている．和風建築の現場の知恵として，円周率 π の近似値として 3 が使われていたことも同書に記されている．

文献

[1] 伊達宗行. 「数」の日本史. 日本経済新聞社, 2002.

[2] G. Hardy, E. Littlewood, and G. Polya. *Inequalities*. Cambridge University Press, 1954. Second edition（邦訳：「不等式」, シュプリンガー・フェアラーク東京, 2003）.

[3] 細井淙. 和算思想の特質. 共立社, 1941.

[4] 小平邦彦. 幾何への誘い. 岩波書店, 2000.（岩波現代文庫）.

[5] 前原濶. 円と球面の幾何学. 朝倉書店, 1998.（入門 離散と有限の数学）.

[6] 小倉金之助. 日本の数学. 岩波書店, 1940.（岩波新書）.

[7] 大野晋, 森本哲郎, 鈴木孝夫. 日本・日本語・日本人. 新潮社, 2001.

[8] 奥村博. 和算書集成 ― 中曽根宗郤コレクション ―. 岩波書店, 2001.

[9] 佐藤健一. 江戸のミリオンセラー『塵劫記』の魅力 ― 吉田光由の発想. 研成社, 2000.

[10] 王青翔. 「算木」を超えた男：もう一つの近代数学の誕生と関孝和. 東洋書店, 1999.

[11] David Gottlieb & Chi-Wang Shu. On the Gibbs phenomenon and its resolution. *SIAM Review*, Vol. 39, pp. 644 – 668, 1997.

[12] 高野義郎. 古代ギリシアの旅 ― 創造の源をたずねて ―. 岩波書店, 2002.（岩波新書）.

[13] 田中英道. 天平のミケランジェロ ― 公麻呂と芸術都市・奈良. 弓立社, 1991.

[14] 柳亮. 続黄金分割 ― 日本の比例. 美術出版社, 1977.

[15] 安原喜八郎千方他. 数理神篇. 1860.

[16] 横地清. 数学の文化史（敦煌から斑鳩へ）. 森北書店, 1991.

[17] 吉田知行. 言語比較の数学的基礎 —— 日本語の起源探究のために. 季刊 邪馬台国, Vol. 89, pp. 21–57, 2005. （安本美典編集. 梓書院. 縦組み）. 原文は http://www.hokudai.ac.jp/science/H17_08/sugaku/sciencetopics.pdf にある. 横組みのこちらの方が数式の関係で読みやすいかも知れない.

[18] 吉田洋一. 零の発見. 岩波書店, 1965. （改版）.（岩波新書）.

[19] 吉川敦. 無限を垣間見る. 牧野書店, 2000.

索引

Maple プロシデュア
    第 1 章
        `awa`, 16
        `en`, 16
        `kaku`, 17
        `kidoo`, 26
        `suurisinhen`, 17
    第 2 章
        `d2`, 62
        `d3`, 63
        `d4`, 64
        `fivecenters`, 76
        `fivecircles`, 76
        `fourcircles`, 45
        `ncircle`, 45
        `resquare`, 54
        `trial`, 53
        `ucircle`, 45
    第 3 章
        `a`, 103
        `s`, 103

あ行
    アルゴリズム, iii
    上にある, 91
    裏返し, 10
    江戸幕府, 31

か行
    回転, 10

    ガウス記号, 86
    幾何平均, 88
    軌道, 12
    気の利いた若い人たち, 77
    逆余弦関数, ii, 6, 51, 75
    九州大学, i
        附属図書館, ii
        理学部数学科, i
    行, 23
    行列, 18, 24
    曲率, 40
    キリシタン, 32
    桑木或雄, 1
    桑木文庫, 1, 28
    群, 11
    原理, 29
    弧度法, ii, 6, 28

さ行
    最高要素, 95
    最低要素, 95
    錯角, 33
    算額, 1
    算術平均, 88
    暫定解, 10
    下にある, 91
    指標, 89, 91
    指標の長さ, 90
    順序関係, 95
    上下の関係がない, 95

証明, 34
　　　塵劫記, 14, 31
　　　数式処理ソフト, iii
　　　数理神篇, 1, 28
　　　数列, 83
　　　筋道の通った考え方, 33
　　　角倉了以, 31
　　　関孝和, 31
　　　センター試験, iii
　　　相加相乗平均, ii
　　　相加平均, 88
　　　相乗平均, 88

た行
　　　大学説明会, i
　　　建部賢弘, 31
　　　同位角, 33
　　　等差数列, 100
　　　同値関係, 10
　　　同値性, 5
　　　度数法, ii, 3
　　　豊臣秀吉, 31

な行
　　　日本数学会, 31
　　　入学試験問題, i
　　　ニュートン Newton, 31

は行
　　　配置可能, 4
　　　背理法, 32, 35
　　　筥崎八幡宮, 1
　　　反時計回り, 42
　　　非ユークリッド幾何, 37
　　　ヒルベルト Hilbert, 89
　　　深さ, 96
　　　付帯条件, 43, 56

　　　ブレークスルー, 39
　　　プログラム, iii
　　　平行, 32
　　　平行線の公理, 30

ま行
　　　ミュアヘッド Muirhead, 89
　　　ミュアヘッド平均, 89
　　　無限, 33
　　　Maple, iii
　　　模擬セミナー, i
　　　木炭バス, iv

や行
　　　ユークリッド Euclid, 33
　　　有限, 33
　　　有限から無限への飛躍, 35
　　　余弦定理, 5
　　　吉田光由, 31

ら行
　　　ライプニッツ Leibniz, 31
　　　ラディアン, ii
　　　列, 23
　　　論理の力, 33

わ行
　　　和算, ii, 1, 14

〈著者紹介〉

吉川　敦（よしかわ・あつし）

神奈川県鎌倉市生まれ．
理学士（東京大学）・理学修士（同）
北海道大学講師・助教授を経て
九州大学教授．
理学博士（東京大学，1971年）
著書：
関数解析の基礎（近代科学社，1990年）
フーリエ解析入門（森北出版，2000年）
無限を垣間見る（牧野書店，2000年）

すうり てんけい
数理点景
── 想像力・帰納力・勘とセンス，そして，冒険 ──

2006年3月20日　初版発行

著者　吉　川　　　敦

発行者　谷　　隆　一　郎

発行所　㈶九州大学出版会
〒812-0053　福岡市東区箱崎 7-1-146
九州大学構内
電話 092-641-0515（直通）
振替 01710-6-3677
印刷・製本／城島印刷㈲

© 2006 Printed in Japan　　　ISBN4-87378-904-4